Säugetiere

Handbuch vom Südlichen Afrika

Burger Cillié

BRIZA

IHM gewidmet, der alle erschaffen hat

Verlegt bei
BRIZA PUBLICATIONS
CK/1990/011690/23

Postfach 56569
Arcadia 0007
Pretoria
Südafrika

Erstauflage 1997
Zweite Auflage, verlegt 2004
Zweite Auflage, verlegt 2009

ISBN 978 1 875093 47 2

Gesamtleitung: Reneé Ferreira
Übersetzung: Helga & Heidi Ilgner, u.a.
Überarbeitung: Biene Ottermann, Konni Muhl, Friedel Herrmann
Umschlaggestaltung: Sally Whines, the Departure Lounge
Schriftsatz: Melinda Stark, Lebone Publishing Services, Kapstadt
Reproduktion durch Hirt & Carter, Kapstadt
Castle Graphics, Johannesburg
Druck und Einband durch Tien Wah Press (Pty) Ltd. Singapur

Fotolegende

Umschlag – Vorderseite: Hauptbild: Afrikanische Elefanten; Obere Reihe von links: Gepard, Surikate, Breitmaulnashorn, Oryxantilope, Zwergmanguste (Burger Cillié)
Vorliegende Seite – Afrikanischer Sonnenuntergang (Eric Reisinger)
Inhaltsverzeichnis – Antilopenspuren im Sand (Eric Reisinger)
Danksagungen – Leopardenfell (Eric Reisinger)
Einleitung – Steppenzebrafell (Eric Reisinger)

INHALT

Vorwort **4**

Einleitung **5**

Identifikationstabelle **6**

Huftiere **15**

Sehr große Säugetiere **99**

Raubtiere **109**

Kleinere Säugetiere **171**

Spuren **215**

Bibliographie **220**

Namenliste **221**

Vorwort

Mein Dank gilt dem inzwischen verstorbenen Dr Reay Smithers, der mir im Jahre 1985 geholfen hat, dieses Buch in seiner ursprünglichen Form zusammenzustellen. Seine freundliche Unterstützung und seinen Enthusiasmus weiß ich auch heute noch sehr zu schätzen. Auch wenn er nicht mehr unter uns weilt, bin ich dankbar, daß er uns sein Lebenswerk, die "Säugetierbibel", **Soogdiere van die Suidelike Afrikaanse Substreek** hinterlassen hat.

Allen Fotografen, Bildagenturen und Freunden, die ihre fotos für dieses Buch unentgeldlich zur Verfügung stellten, vielen Dank.

Dank an Herrn Naas Rautenbach für seine Unterstützung und Beratung bei dem neuen Teil über kleine Säugetiere.

Besonderen Dank an Kjeld Kruger von Wambiri Safaries, dass ich seine Losung-Sammlung verwenden und fotografieren durfte.

Das Vertrauen, das *Briza Publishers* in das Buch durch eine weitere Auflage zeigt, wird dankbar vermerkt.

Freunden und Familie möchte ich hier für ihr Interesse, ihre Ideen und guten Vorschläge danken, insbesondere meiner Frau und meinen Kindern für ihre Hilfe, Geduld und Ermutigung.

Meinem Schöpfer sei gedankt für die Gelegenheit, das Buch als Neuauflage wieder herauszugeben und somit zu ermöglichen, daß ein kleiner Teil seiner wunderbaren Schöpfung anderen zugänglich gemacht wird.

Burger Cillié

Einleitung

Dies soll kein Handbuch für Fachleute sein, sondern mit zoologisch korrekten Fakten sollen entsprechende Informationen über unsere im südlichen Afrika vorkommenden Säugetiere für Laien zugänglich gemacht werden. Es werden vornehmlich Identifikationshilfen gegeben, aber auch andere Merkmale eines Tieres, wie Verhalten, Verbreitung, bevorzugter Standort, Fortpflanzung, Spuren, Losung usw. werden beschrieben.

Alle Tiere, denen man häufiger begegnet, werden mit Farbphotos erläutert. Meistens sind zwei Aufnahmen (gewöhnlich vom Weibchen und vom Männchen) so gewählt, dass die spezifischen Merkmale zu erkennen sind. Auf Kennzeichen der Tiere, die leicht verwechselt werden können, wird entsprechend hingewiesen.

Die Spurenzeichnungen der Tiere zeigen den linken Hinterfuß. Bei manchen Tieren unterscheiden sich Vorder- und Hinterfüße; in dem Fall wird der Vorderfuß mit "V" gekennzeichnet.

Rekordangaben für Hörner und Zähne wurden aus der vierundzwanzigsten Auflage von "Rowland Ward" übernommen.

Beim Layout wurde Wert auf benutzerfreundliche Übersichtlichkeit und kurze, klare Informationen gelegt. Sprachlich ist der Text so gehalten, dass Laien und auch Kinder das Buch mühelos verwenden können.

Der Bildindex soll Anfängern erleichtern, schnell die richtige Tiergruppe im Text zu finden.

Das Gebiet südlich des Kunene und Sambesi (einschließlich des Caprivizipfels) wird geografisch erläutert.

Nachfolgende Symbole bezeichnen den Grad der Bedrohung einer Tierart:

EN vom Aussterben bedroht

CR ernsthaft bedroht

VU bedroht

Identifikationstabelle

Huftiere

Der Begriff Huftiere umfasst alle Tiere, deren letzter Zeh mit dem hornartigen Zehennagel zu einem Huf umgeformt ist. Zu dieser Gruppe gehören Antilopen, Schweine, Zebras und Giraffen.

Impalas
Mittelgroße Antilopen, bei denen nur die männlichen Tiere leierförmige Hörner tragen. Ihr Fell hat eine typisch rotbraune Farbe.
Impala, Schwarznasenimpala
Seite 16–19

Springböcke
Mittelgroße Antilopen, bei denen sowohl die männlichen, als auch die weiblichen Tiere leierförmige Hörner tragen. Diese in dem Gebiet einzigartige Gazelle hat einen ganz typischen dunklen Seitenstreifen.
Springbock / Gazelle
Seite 20–21

Antilopen mit gedrehten Hörnern
Antilopen, bei denen nur die männlichen Tiere spiralförmig (wie ein Korkenzieher) gedrehte Hörner haben.
Buschbock, Nyala, Sitatunga, Großkudu
Seite 22–29

Große Antilopen mit gedrehtem Wulst
Große Antilopen, bei denen sowohl Bullen wie Kühe kurze gerade Hörner mit gedrehtem Wulst haben.
Elenantilope
Seite 30–31

Große Antilopen mit langen geraden Hörnern
Große Antilopenart, bei der die weiblichen und männlichen Tiere große gerade Hörner tragen; sie kommen vor allem in den trockenen wüstenähnlichen Gebieten vor.
Spießbock (Oryxantilope)
Seite 32–33

Große Antilopen mit zurückgebogenen Hörnern
Große Antilope, bei der die weiblichen und die männlichen Tiere große wulstige, säbelartig nach hinten geschwungene Hörner tragen.
Säbelantilope, Pferdeantilope
Seite 34–37

Antilopen mit nach vorne gebogenen Hörnern
Antilopenart, bei der nur die männlichen Tiere nach vorne gebogene Hörner tragen.
Wasserbock, Letschwe, Puku,
Riedbock, Bergriedbock
Seite 38–47

Kleine Antilopen mit kurzen geraden Hörnern
Kleine Antilopenart, bei der meistens nur die männlichen Tiere kurze gerade Hörner tragen.
Rehantilope, Klippspringer, Bleichböckchen (Oribi), Steinböckchen, Kap-Greisböckchen, Sharpes-Greisböckchen, Moschusböckchen, Windspielantilopen, Damara-Dikdik, Ducker, Rotducker, Blauducker
Seite 48–69

Blessböcke
Mittelgroße, dunkelbraune Antilopenart mit auffallend weißem Bauch und weißer Blesse. Weibliche und männliche Tiere haben Hörner mit dicken ringförmigen Wulsten.
Blessbock, Buntbock
Seite 70–73

Kuhantilopen
Große rotbraune Antilopenart, mit langgezogener Stirn und schräger Rückenlinie vom erhöhten Widerrist zur Kruppe abfallend. Weibliche und männliche Tiere tragen Hörner.
Halbmondantilope, Rote Kuhantilope, Lichtensteins (Leierantilope) Kuhantilope
Seite 74–79

Gnus
Dunkle, kuhartige Herdentiere, bei denen sowohl die männlichen, als auch die weiblichen Tiere Hörner tragen.
Weißschwanzgnu, Streifengnu, Afrikanischer Büffel
Seite 80–85

Zebras
Pferdeähnliche schwarz-weiß gestreifte Tiere.
Burchells Zebra, Kap-Bergzebra, Hartmannns Bergzebra
Seite 86–91

Schweine
Braungraue schweineartige Tiere.
Warzenschwein, Buschschwein
Seite 92–95

Giraffe
Große Tiere mit auffallend langem Hals und langen Beinen.
Giraffe
Seite 96–97

Sehr große Säugetiere

Sehr große Pflanzenfresser mit gräulicher Haut und mit großen Füßen.

Elefant
Riesiges Säugetier mit langem, beweglichem Rüssel und langen hervorstehenden Stoßzähnen.
Afrikanischer Elefant
Seite 100–101

Nashörner
Sehr große Säugetiere, die prähistorischen Tieren ähneln und zwei Hörner auf der Nase haben.
Spitzmaulnashorn, Breitmaulnashorn
Seite 102–105

Flusspferd
Sehr großes tonnenförmiges Säugetier, das meistens im Wasser oder in dessen Nähe vorkommt.
Nilpferd
Seite 106–107

Raubtiere

Katzen und hundeartige T ere, die selbst jagen oder Aas fressen

Großkatzen
Große schmutzigweiße oder gelbliche Katzen, die selbst ihre Beute fangen. Löwe, Leopard, Gepard
Seite 110–115

Kleine Katzen
Meistens nachtaktiv, jagen meist kleine Tiere.
Karakal, Serval, Afrikanische Wildkatze, Schwarzfußkatze
Seite 116–123

Hyänen
Große hundeartige Tiere mit kurzem Schwanz und Rücken, der schräg nach hinten abfällt.
Tüpfelhyäne, Schabrackenhyäne, Erdwolf
Seite124–129

Hundeartige Tiere
Hundeartige Tiere mit langem buschigem Schwanz und grossen Ohren.
Afrikanischer Wildhund, Streifenschakal, Schabrackenschakal, Löffelhund, Kapfuchs
Seite 130–139

Mangusten
Kleine hunde- und katzenartige Tiere mit langem Körper, kurzen Beinen und langem Schwanz.
Honigdachs, Afrikanische Zibetkatze, Kleinfleckenginsterkatze, Großfleckengisterkatze, Streifeniltis, Fuchsmanguste, Rotichneumon, Kleinichneumon, Weißschwanzmanguste, Wassermanguste, Zebramanguste, Zwergmanguste, Surikate, Kapotter
Seite 140–169

Kleine Saugetiere

Alle anderen kleinen Pflanzen-, Fleisch- und Insektenfresser

Erdferkel
Rundliches fahles Tier mit langer Schnauze und langen Ohren. Erdferkel
Seite 172–173

Steppenschuppentier
Mit Schuppen bedecktes, reptilienartiges Tier mit langer Schnauze und breitem plattem Schwanz.
Steppenschuppentier
Seite 174–175

Klippschliefer
Kleines kräftig gebautes und hauptsächlich auf Felsen lebendes Tier.
Kap-Klippschliefer
Seite 176–177

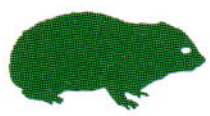

Rohrratte
Großes graues rattenartiges Tier, das vor allem im Marschland lebt.
Großrohrratte
Seite 178–179

Igel
Sehr kleines Tier mit kurzen schwarz-weißen Stacheln
Südafrikanischer Igel.
Seite 180–181

Stachelschwein
Großes Nagetier mit langen schwarz-weißen Stacheln auf der Oberseite des Körpers.
Südafrikanisches Stachelschwein
Seite 182–183

Hase/Kaninchen
Tiere mit langen Ohren und kurzen Schwänzen.
Buschhase, Kaphase
Seite 184–189

Springhase
Nagetier mit kängeruhartigem Aussehen; der auffallend lange Schwanz hat eine buschige schwarze Spitze.
Springhase
Seite 190–191

Eichhörnchen
Kleine Nagetiere mit dickem buschigen Schwanz.
Kap-Borstenhörnchen, Ockerfußbuschhörnchen
Seite 192–195

Nachtäffchen
Kleine nachtaktive Tiere mit buschigem Fell und auffallend großen Augen und Ohren.
Nachtäffchen, Riesengalago
Seite 196–199

Affen
Tagaktive Tiere mit langem Schwanz und langen Hinterläufen, häufig in Bäumen anzutreffen.
Grüne Meerkatze, Weißkehlmeerkatze, Bärenpavian
Seite 200–205

Spitzmäuse und Elefantenspitzmäuse
Kleine, mausartige Tiere mit langen Rüsseln. Elefantenspitzmäuse oder Rüsselspringer haben bewegliche Rüssel. Augen und Ohren sind größer als bei den anderen Spitzmäusen und ihre Hinterbeine sind lang und kräftig. Kleine Wimpernspitzmaus, Klippen-Elefantenspitzmaus
Seite 206

Goldmulle
Ohne sichtbare Augen, Ohren und Schwänze. Sie haben lange Krallen an allen Füßen und schaufelartige Schnauzen. Sie graben direkt unter der Oberfläche und hinterlassen gehäufelte Erde. Hottentotten-Goldmull
Seite 206

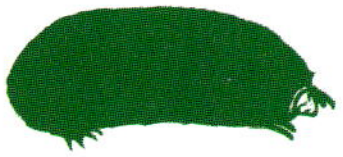

Flughunde
Typische, hundeähnliche Gesichter mit großen Augen. Zwei Krallen an den Flügeln unterscheiden sie von den insektenfressenden Fledermäusen, die nur Einzelkrallen an den Flügeln haben. Gambischer Epauletten-Flughund, Wahlberg-Epauletten-Flughund, Ägyptischer Flughund. Seite 207

Fledermäuse
Gewöhnlich haben insektenfressende Fledermäuse große, längliche Ohren und nur eine einzelne Flügelkralle. Es gibt sechs Arten: Freischwänze, Glattnasenfledermäuse, Schlitznasenfledermäuse, Hufeisennasen- und Rundblattfledermäuse. Mauritius Grabflatterer, Ägyptische Freischwanzfledermaus, Kleine Freischwanzfledermaus, Schreibers Langflügelfledermaus, Bananen-Zwergfledermaus, Kap-Serontinfledermaus, Ägyptische Schlitznasenfledermaus, Geoffroys Hufeisennase, Sundeval Rundblattnase. Seite 208–210

Sandgräber
Sie sind nicht mit den Goldmullen verwandt. Sie haben kurze Beine und ein kräftiges Gebiß. Sie werfen Sandhügel auf, die an der Erdoberfläche sichtbar sind.
Namaqua-Sandgräber. Seite 211

Mäuse- und rattenartige Tiere
Schließen auch Bilche ein (nachtaktive, hörnchenartige Tiere), Felsenratten (hörnchenartige Felsbewohner), Pfeifratten, Baumratten, Sumpfratten, Bamleus-Fingerratten, Felsenmäuse, Rennmäuse, Hamsterratten und Klettermäuse. Afrikanischer Bilch, Felsenratte, Brants-Pfeifratte, Sumpfratte, Einzelstreifengrasmaus, Vierstreifenmaus, Akazienratte, Namaqua-Felsenmaus, Busch-Nacktsohlen-Rennmaus, Kurzschwanz-Hamstermaus, Graue Klettermaus. Seite 211–214

Oben – Kudu (HPH Fhotography), rechts – Klippspringer (Burger Cillié)

Huftiere

Der Begriff Huftiere umfasst alle Tiere, deren letzter Zeh mit dem hornartigen Zehennagel zu einem Huf umgeformt ist. In diese Gruppe gehören Antilopen, Schweine, Zebras und Giraffen.

Gewicht ♂ 47–82 kg.
♀ 32–52 kg.

Hornlänge
± 50 cm.
Rekord 80,96 cm.

Nahrung Blätter und Gräser.

Lebenserwartung
± 12 Jahre.

Feinde Tüpfelhyäne, Gepard, Leopard, Löwe, Afr. Wildhund, Python.

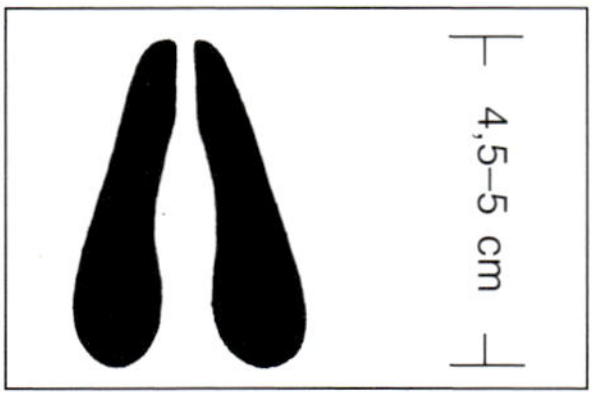

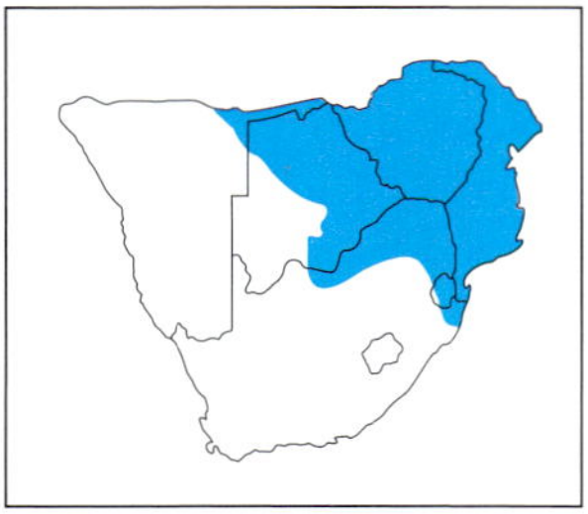

Impala

Impala
Aepyceros melampus melampus

Beschreibung Die Farbe des Halses, Rückens und der Keulen ist glänzend rotbraun. An den Flanken wird dies zu einem breiten hellbraunen Band, das wiederum gegen die gräulichweiße Unterseite klar abgegrenzt ist. Um die Augen befindet sich ein Ring wießer Haare und hoch auf der Stirn ein dunkler Flecken. Kennzeichnend sind zwei schwarze Streifen auf den Keulen und eine auf dem Schwanz. Auf den Fersen der Hinterbeine ist eine Duftdrüse unter schwarzen Haaren versteckt, an der die Lämmer die Mutter erkennen.

Geschlechtsunterschied Ricken sind ohne Hörner und kleiner als Böcke.

Habitat Heimisch in den meisten Savannentypen, meiden jedoch bergiges Gelände. Sie sind von Wasser abhängig.

Gewohnheiten Impalas sind tagaktiv und leben in Herden von ± 20 Tieren. Im Winter vereinen sich diese zu Großherden. Zur Paarungszeit besetzen die Böcke Territorien und versammeln darin etwa 15–20 weibliche Tiere und verjagen andere Böcke mit einem röhrendem Prusten. Junge und territoriale Böcke formen Junggesellenherden. Impalas sind gewandte Springer mit Sätzen von 3 Meter Höhe und 12 Meter Weite. Es gibt Impalas auch häufig noch außerhalb der Naturschutzgebiete.

Lautäußerungen Ein Warn- und Alarmschnaufen. In der Brunft geben die Böcke ein wiederholtes röhrendes Prusten von sich.

Nachwuchs Ein Lamm wird nach einer Tragzeit von 6½ Monaten zwischen September und Januar geboren.

Auch Schwarzfersenantilope.

Burger Cillié

♂

♀

Richard du Toit

Gewicht ♂ ± 63 kg.
♀ ± 50 kg.

Hornlänge
± 46 cm.
Rekord 67,31 cm.

Nahrung Blätter, Gräser, Triebe, Blumen, Schoten.

Lebenserwartung
± 12 Jahre.

Feinde Gepard, Leopard, Löwe, Afrikanischer Wildhund, Tüpfelhyäne.

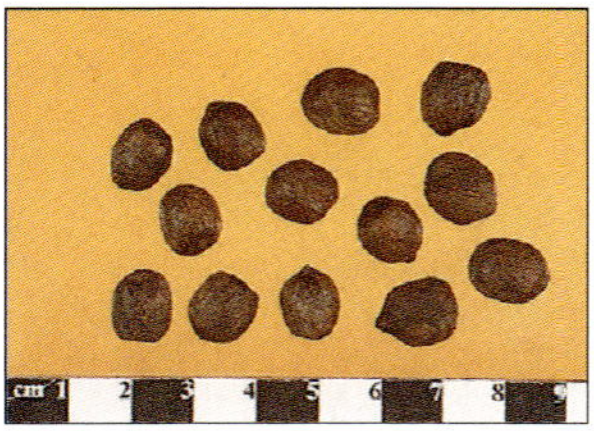

Schwarznasenimpala

Black-faced Impala
Aepyceros melampus petersi

Beschreibung Die Farbe des Rückens ist mattbraun mit einem schwarzvioletten Glanz. Auf der Flanke, zwischen dem hellen Bauch und dem mattbraunen Rücken ist ein Streifen hellbraunen Haares. Auf dem Gesicht, auf dem Hinterteil und dem Schwanz sind schwarze, senkrechte Streifen. Die Ohren und Wangen sind rötlich braun. Der Unterschied zwischen diesem Impala und dem gewöhnlichen ist eine schwarze Blesse im Gesicht, ein Schwanz, der haariger und länger ist und eine dunklere Körperfarbe, die nicht rot wirkt, wie beim gewöhnlichen Impala.

Geschlechtsunterschied Nur Böcke tragen Hörner, und sie sind größer als Ricken.

Habitat Halten sich mit Vorliebe in dichtem Unterwuchs, umgeben von offener Baumsavanne, auf.

Gewohnheiten Schwarznasenimpalas sind tagaktive Tiere, die in Herden von 3–20 Tieren leben. Diese Herden bestehen aus Ricken, Jungtieren und einem Leitbock, während die übrigen Böcke einzeln gehen oder Gruppen bilden. Zur Brutzeit sammeln sich die Herden, die später wieder in kleinere Herden aufbrechen. Nachts schlafen Herden gemeinsam in offenen Gebieten. Haupt-äsungszeiten sind die kühleren Tagesstunden; die heißen Stunden verbringen sie im Schatten von Dickicht.

Lautäußerungen Ein Alarmnießen.

Nachwuchs Ein Junges wird nach einer Tragzeit von 6½ Monaten zwischen September und Januar geboren.

Auch Angola Schwarzgesichtimpala.

Burger Cillié

♂

♀

Burger Cillié

Gewicht ♂ 33–48 kg.
♀ 30–44 kg.

Hornlänge
± 35 cm.
Rekord 49,21 cm.

Nahrung Gräser, Blätter, Triebe, Zweige von Karoo-Sträuchern.

Lebenserwartung
± 10 Jahre.

Feinde Schabracken-hyäne, Tüpfelhyäne, Gepard, Leopard, Löwe.

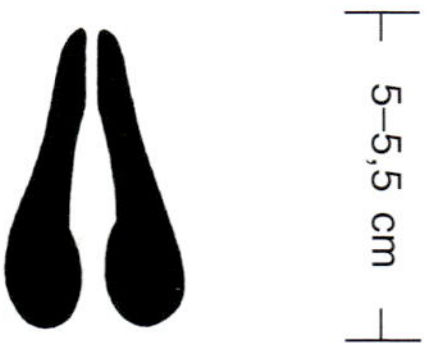

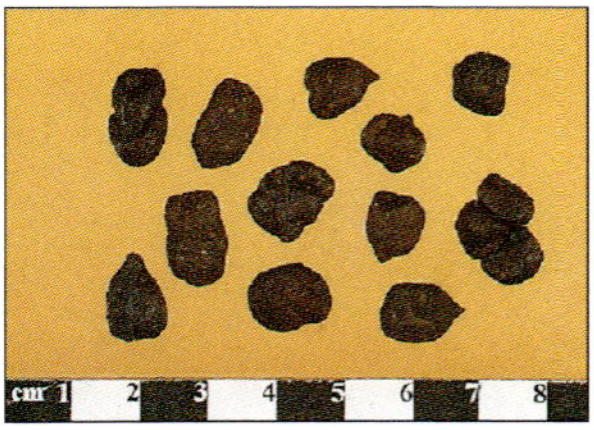

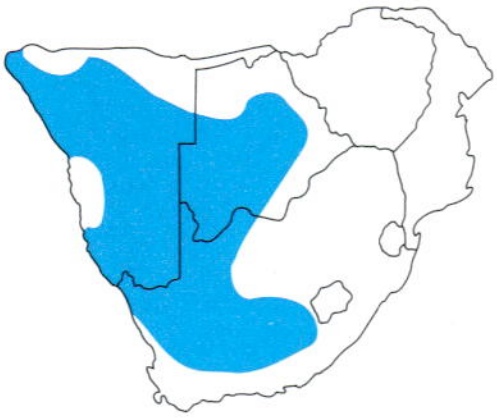

Springbock

Springbok
Antidorcas marsupialis

Beschreibung Der Springbock ist Südafrikas Wappentier. Obere Körperteile sind hell- bis dunkelbraun mit einem sehr dunklen Seitenstreifen an den Flanken. Gesicht, Kehle, Hals – und Körperunterseite sowie Innenseite der Beine sind weiß. Ein dunkler Streifen läuft vom Auge zum Mundwinkel. In einem Streifen langer weißer Haare liegt die Rückendrüse. Bei Erregung wird diese Hautfalte aufgestülpt und die Haare werden fächerähnlich zu einer Bürste gesträubt, z.B. bei der Flucht oder beim charakteristischen Prunken. Gelegentlich kommen weiße oder dunkelbraune Tiere vor. Beide Geschlechter tragen Hörner.

Geschlechtsunterschied Ricken schlanker als Böcke, mit dünneren Hörnern.

Habitat Offene Steppen in trockenen und halbtrockenen Gebieten.

Gewohnheiten Springböcke sind tagaktive Herdentiere, die in kleinen Gruppen leben. Im Frühjahr schließen sich mehrere Kleinherden zusammen. Weiterhin findet man auch Bockherden und Territorialböcke. Sie grasen frühmorgens und spätnachmittags und ruhen in der heißen Tageszeit. Ihr Prunken ist ein Schauspiel: sie machen mit gesenktem Kopf, krummem Rücken und steifen Beinen sowie gesträubtem Rückenhaar riesige wippende Sprünge. Diese werden abgewechselt mit steifbeinigen Sprüngen.

Lautäußerungen Tiefes, kurzes Grunzröhren, bei Alarm ein hohes, pfeifendes Schnauben.

Nachwuchs Keine bestimmte Lammzeit, vorwiegend aber während der Regenzeit. Tragzeit etwa 6 Monate.

Burger Cillié

♂

♀

Ulrich Oberprieler

Buschbock

Bushbuck
Tragelaphus scriptus

Gewicht ♂ 40–77 kg.
♀ 30–36 kg.

Hornlänge
± 26 cm.
Rekord 51,44 cm.

Nahrung Vorwiegend Blätter und Triebe, auch Gras.

Lebenserwartung
± 11 Jahre.

Feinde Leopard, Löwe, Karakal, Python.

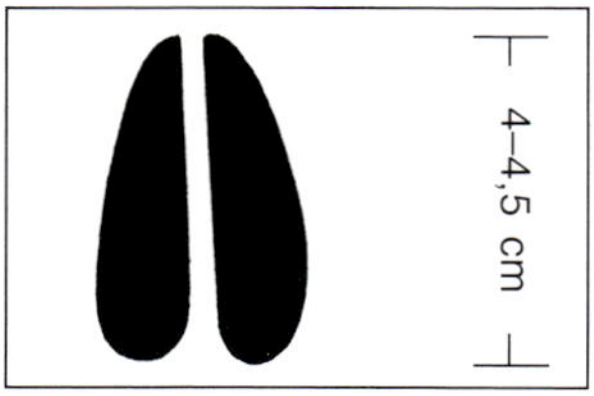

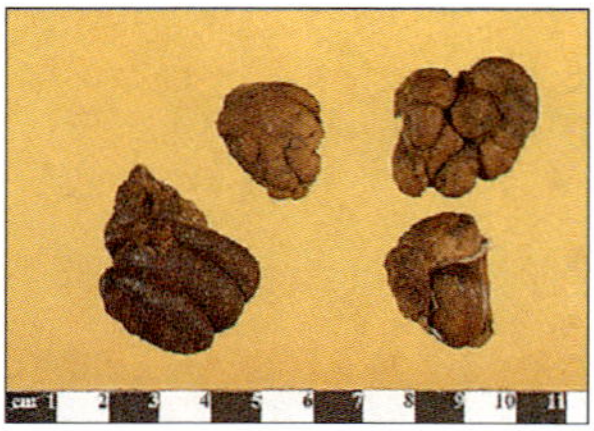

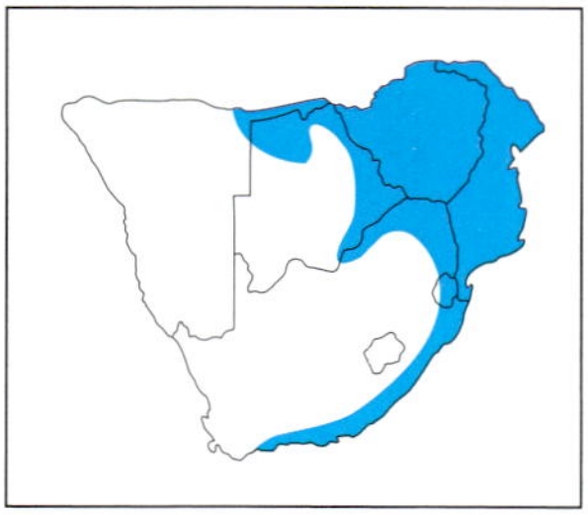

Beschreibung Die Farbe der Böcke variiert von braun bis dunbelbraun, die Farbe der Ricken von hell- bis kastanienbraun. Beide Geschlechter haben weiße Zeichnungen an den Beinen und der Kehle, ein weißes Band unten am Halsansatz, weiße Flecken auf den Keulen und einen Tupfen weißer Haare an der Schwanzspitze. Einige, wie der Chobe-Buschbock, haben vertikale Streifen an der Seite. Letzterer hat ein rotbraunes Fell und mehrere weiße Flecken an den Seiten. Buschbockweibchen unterscheiden sich von Nyalaweibchen durch kleineren Körperbau und weniger oder fehlende vertikale Streifen.

Geschlechtsunterschied Ricken sind kleiner, heller, haben keine Hörner.

Habitat Baumsavanne oder dichte Vegetation an Flußufern, immer nahe beim Wasser.

Gewohnheiten Buschböcke sind scheue Einzelgänger, jedoch Paare oder kleine Gruppen von Weibchen und Jungtieren werden manchmal gesehen. Die Böcke sind sehr tapfer und können Hunde und Leoparden anfallen, sogar Menschen, wenn sie verwundet sind. Sie ruhen tagsüber im dichten Busch und zeigen sich erst am Spätnachmittag und grasen dann bis in die Nacht. Ihr Territorium ist im Winter kleiner als im Sommer. Ihre Sinnesorgane sind sehr gut entwickelt und deshalb überleben sie wahrscheinlich noch außerhalb der Naturschutzgebiete.

Lautäußerungen Lautes Bellen wie Hund oder Pavian.

Nachwuchs Ein Junges wird irgendwann im Jahr nach einer Tragzeit von etwa 6 Monaten geboren.

Auch Schirrantilope.

Burger Cillié

♀

♂

Burger Cillié

♂

Daryl Balfour/Gallo

Chobe

Gewicht ♂ 92–126 kg.
♀ 55–68 kg.

Hornlänge
± 60 cm.
Rekord 83,19 cm.

Nahrung Blätter, frisches Gras, Früchte, Blumen und Samen.

Lebenserwartung
± 13 Jahre.

Feinde Tüpfelhyäne, Leopard, Löwe.

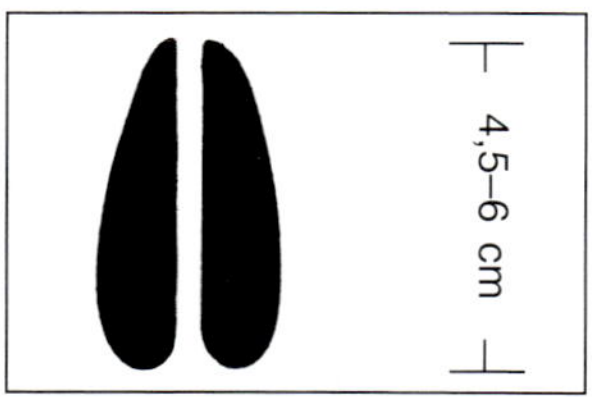

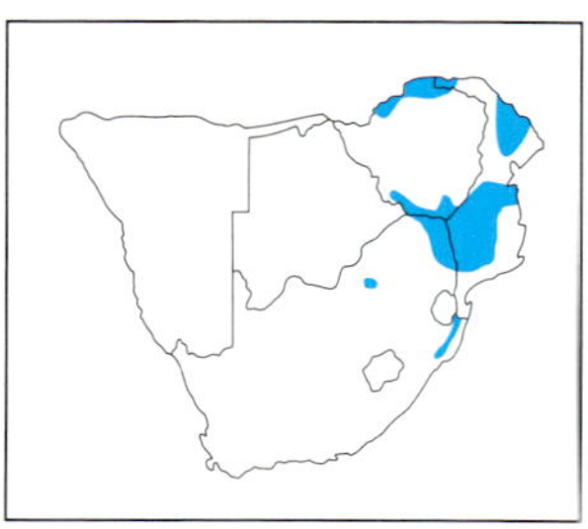

Nyala

Nyala
Tragelaphus angasii

Beschreibung Schlanke Antilope mit schmalem Körper und graziösen Bewegungen. Bullen sind dunkel blaugrau mit weißen vertikalen Körperstreifen, gelben Strümpfen und einer weißen, V-förmigen Markierung zwischen den Augen. Die Mähne auf Hals und Rücken hat weiße Spitzen. Bei alten Bullen setzt sich die Hähne unter dem Bauch fort bis an die Hinterseite der Keulen. Die Weibchen sind rotbraun oder kastanienbraun mit den gleichen Streifen wie die Bullen, haben aber keine V-förmige Markierung zwischen den Augen. Die Nyalaweibchen unterscheiden sich von Buschbockweibchen durch größeren Körperbau und mehrere vertikale Streifen.

Geschlechtsunterschied Nur Bullen tragen Hörner, sind viel dunkler und größer als Kühe und sind bemähnt.

Habitat Dickicht und dichter Busch an Flußläufen und angrenzender Buschsavanne. Sind abhängig von Wasser.

Gewohnheiten Nyalas leben in kleinen Gruppen von 3–16 Tieren, die aus einem Bullen, weiblichen Tieren und Jungtieren zusammengesetzt sind. Die Tiere bewegen sich frei zwischen den Herden hin und her. Alte Bullen bilden Junggesellenherden oder werden zu Einzelgängern. Sie äsen nachts und während der kühleren Tagesstunden; ruhen in der Hitze des Tages. Man findet sie oft unter Bäumen, aus denen Meerkatzen und Paviane Früchte fallen lassen.

Lautäußerungen Blöken und tiefes Schreckbellen.

Nachwuchs Ein Junges wird irgendwann im Jahr geboren, besonders häufig im Mai oder zwischen August und Dezember.

Auch Tieflandnyala (Basterkudu).

Burger Cillié

♂

♀

Ulrich Oberprieler

Gewicht ♂ ± 114 kg.
♀ ± 55 kg.

Hornlänge
± 60 cm.
Rekord 82,55 cm.

Nahrung Papyrus, Ried und Wassergräser.

Lebenserwartung
± 19 Jahre.

Feinde Löwe, Krokodil.

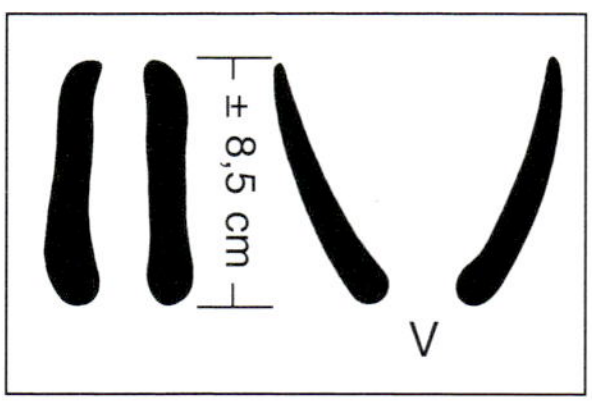

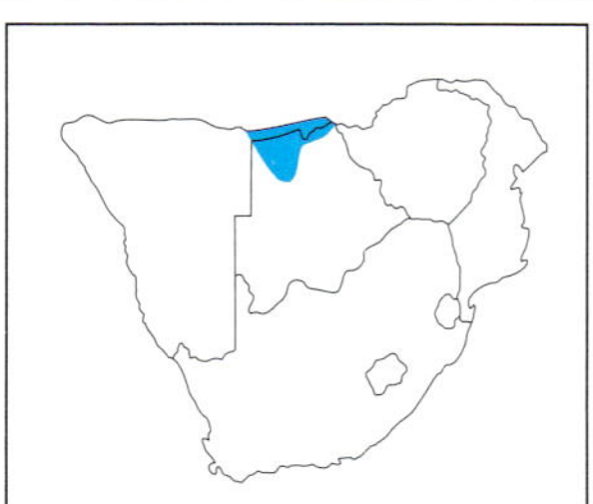

Sitatunga

Sitatunga
Tragelaphus spekei

Beschreibung Eine scheue Antilope mit längerem Fell und einem weißen V-förmigen Zeichen zwischen den Augen. Die Farbe der Bullen ist dunkel graubraun. Die weiblichen Tiere sind kleiner und hellgelb bis rötlichbraun mit deutlichen weißen Punkten auf Flanke und Keule. Vertikale weiße Streifen auf Flanken ist bei der Rasse im südlichen Afrika nur undeutlich oder garnicht vorhanden. Weiße Querstreifen am Halsansatz, und an der Kehle. Die Hufe sind sehr lang und gespreizt, um die Bewegung durch ihren sumpfigen Standort zu erleichtern. Buschböcken ähnlich, doch größer, mit längeren Hörnern.

Geschlechtsunterschied Weibliche Tiere ungehörnt, kleiner und heller in der Farbe als die Bullen.

Habitat Die ständig unter Wasser stehenden Gebiete, überzogen mit Papyrus und Schilf in dem Okavangodelta und am Linyanti Fluß.

Gewohnheiten Leben einzeln oder paarweise, aber immer in lockeren Verbänden bis zu 6 Tieren, bestehend aus einem Bullen, sowie weiblichen und jungen Tieren. Schwimmen gut und suchen bei Gefahr Schutz im Wasser. Tagsüber äsen sie in Papyrus- und Riedgebieten, offene Flutebenen meidend. Suchen zur Rast Riedplateaus auf. Nachts verlassen sie gelegentlich die sichere Sumpfvegetation, um in umliegenden trockenen Waldgebieten zu äsen, kehren jedoch vor Tagesanbruch zum Sumpf zurück.

Lautäußerungen Wiederholtes Alarmbellen .

Nachwuchs Ein Junges wird irgendwann im Jahr (vor allem im Juni oder Juli) geboren.

Auch Sumpfantilope.

Phillipe Dejace/Wildfile Pictures

♂

♀

Daryl Balfour

Gewicht ♂ 190–270 kg.
♀ 120–210 kg.

Hornlänge
± 120 cm.
Rekord 187,64 cm.

Nahrung Blätter, Triebe, Schoten und auch frisches Gras.

Lebenserwartung
± 14 Jähre.

Feinde Tüpfelhyäne, Gepard, Leopard, Löwe, Afr. Wildhund.

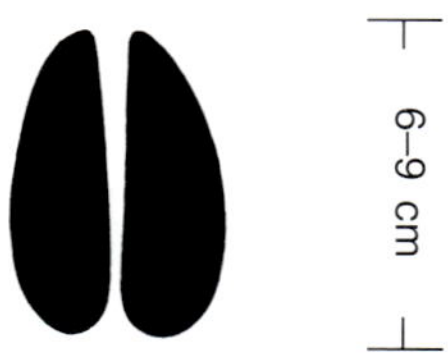

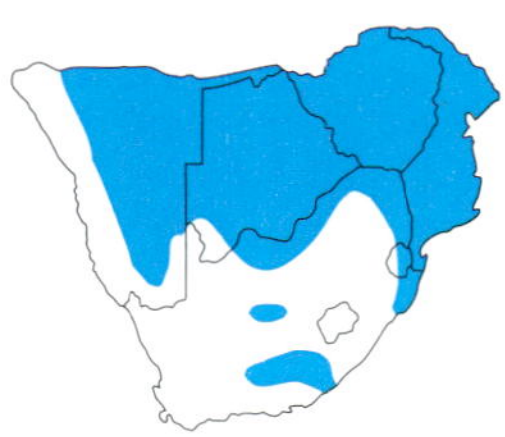

Großkudu

Greater Kudu
Tragelaphus strepsiceros

Beschreibung Kudus sind große, majestätisch anmutende Antilopen. Sie sind grau bis braungrau mit einer Anzahl vertikaler weißer Streifen auf Körper und Keulen. Alte Bullen werden dunkler am Hals, je älter sie werden. Zwischen den Augen befindet sich eine weiße "V"-Markierung. Bei den Kühen sind durch die fehlenden Hörner die großen weiß-gerandeten Ohren wesentlich auffallender als bei Bullen. Der Widerrist ist stark ausgeprägt. Bei beiden Geschlechtern besteht eine Nackenmähne, bei Bullen zusätzlich eine Halsmähne. Der Schwanz ist an der unteren Seite an der Spitze dunkel.

Geschlechtsunterschied Kühe sind kleiner und ungehörnt.

Habitat Baumsavanne, mit Vorliebe in hügeligem oder bergigem Gelände oder in der Nähe von Wasser.

Gewohnheiten Hauptaktivität frühmorgens und spätnachmittags. Familienherden von 5–12 Tieren, vorwiegend aus Kühen und Kälbern zusammengesetzt und nur zur Brunftzeit von Bullen begleitet. Sonst leben die Bullen in Junggesellenherden oder einzeln. Kudus sind graziöse Tiere mit einem erstaunlichen Sprungvermögen für ihre Größe (± 2 Meter). Im Lauf durch dichte Vegetation legen Bullen ihr Gehörn bis auf den Rücken zurück. Kudus sind weit verbreitet und noch recht häufig außerhalb der Naturschutzgebiete anzutreffen.

Lautäußerungen Lautes tiefes Bellen als Schrecklaut.

Nachwuchs Ein Junges wird nach einer Tragzeit von etwa 7 Monaten zwischen November und Januar geboren.

Auch Kudu.

HPH Photography

♂

♀

Burger Cillié

Gewicht ♂ ± 700 kg.
♀ ± 460 kg.

Hornlänge
± 60 cm.
Rekord 114,3 cm.

Nahrung Blätter, sowie Gräser im Frühjahr. Trinkt regelmäßig.

Lebenserwartung
± 12 Jahre.

Feind Löwe.

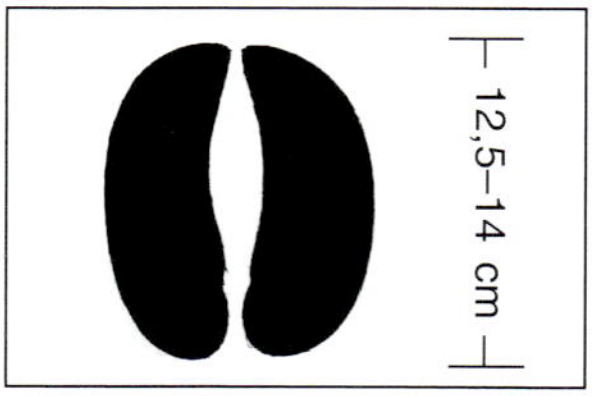

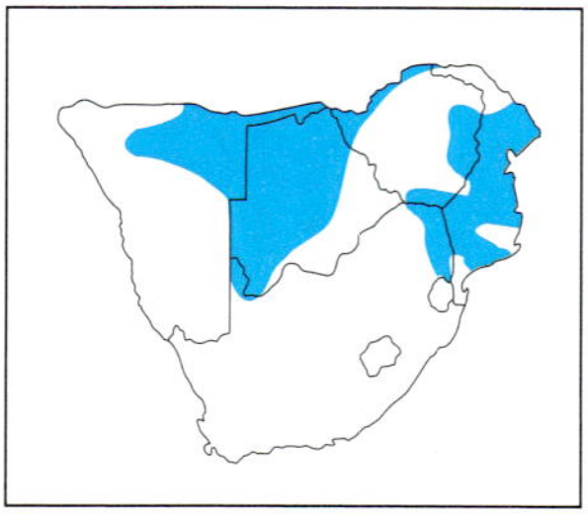

Elenantilope

Eland
Tragelaphus oryx

Beschreibung Die Elenantilope ist die größte Antilopenart im südlichen Afrika. Sie ist blaßbraun und Bullen werden im Alter blaugrau am Hals. Die nördliche Rasse (Livingston Eland) hat undeutliche vertikale weiße Streifen an den Seiten. Ein großer Bulle ähnelt einem Brahmanenbullen mit seinem Höcker und der großen Wamme. Beide Geschlechter haben gerade, in sich gedrehte Hörner. Auf der Stirn ist ein Büschel Haare und auf dem Rückgrat läuft ein dunkelbrauner Haarstreifen.

Geschlechtsunterschied Bullen größer und schwerer als Kühe, mit kürzeren, aber dickeren Hörnern.

Habitat Weit verbreitet, bevorzugen offene Buschsavanne und feuchtes Grasland.

Gewohnheiten Kleine Herden von 8–12 Tieren, doch große Herden nicht ungewöhnlich. Äsen gewöhnlich am Tag, zur Regenzeit bisweilen bis tief in die Nacht hinein, dabei große Entfernungen zurücklegend. Elenantilopen sind scheu und flüchten bei dem geringsten Zeichen von Gefahr. Sie sind für ihre Größe erstaunlich gute Springer und nehmen Hindernisse bis zu 2 Metern. Ernsthafte Kämpfe zwischen Bullen finden gelegentlich statt. Beim Laufen machen sie ein “Klick”-Geräusch.

Lautäußerungen Kühe “muhen”, Kälber blöken, Bullen brüllen – auch bellender Schreckton.

Nachwuchs Ein Junges wird irgendwann im Jahr (vor allem zwischen August und Oktober) nach einer Tragzeit von etwa 9 Monaten geboren.

Auch Eland, Elen.

Burger Cillié

♂

♀

Koos Delport

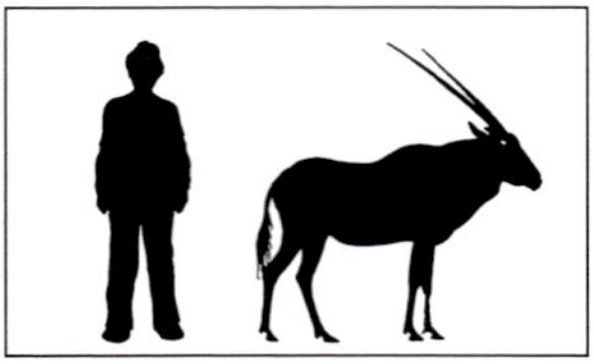

Gewicht ♂ ± 240 kg.
♀ ± 210 kg.

Hornlänge
± 85 cm.
Rekord 125,10 cm.

Nahrung Hauptsächlich Gras, Tsammamelonen, Früchte und Wurzeln.

Lebenserwartung
± 19 Jahre.

Feinde Tüpfelhyäne, Löwe, Afrikanischer Wildhund.

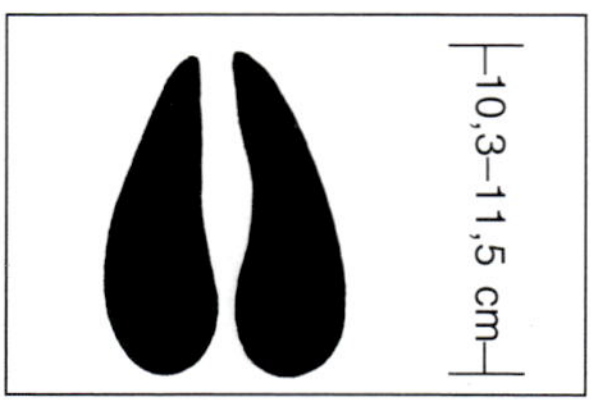

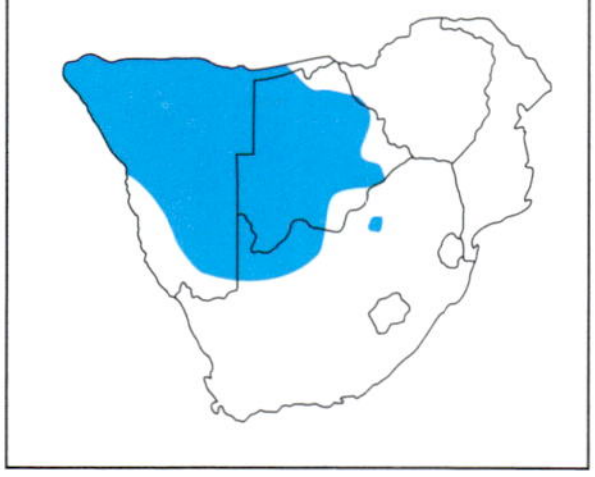

Spießbock

Gemsbok
Oryx gazella

Beschreibung Die Farbe ist graubraun bis hell aschbraun mit helleren Flächen auf den Keulen. Der Schwanz ist schwarz mit langem Haar. Ein schwarzer Flankenstreifen verbindet die schwarzen oberen Teile der Läufe. Der Bauch und untere Teile der Läufe sind weiß. Ein schwarzer Aalstrich über Mähne und Rücken verläuft sich in eine größere schwarze Fläche auf der Kruppe. Das Gesicht ist weiß mit einer schwarzen Maske, die aus einem Kehlstreifen, einem Streifen von der Hornbasis seitlich bis kurz vor die Mundwinkel verläuft, einem Dreieck auf der Stirn und einem breiten schwarzen Nasenrücken besteht. Der Kehlstreifen schließt sich bei einem schwarzen Halsstrich an, der zwischen den Vorderläufen endet. Schwarze Markierungen finden sich auch auf den "Schienbeinen" aller Läufe. Beide Geschlechter tragen die charakteristischen langen geraden Hörner.

Geschlechtsunterschied Weibliche Tiere sind leichter im Bau, die Hörner sind länger und dünner.

Habitat Ebenen in offenen trockenen Savannen und Halbwüsten und in offener, trockener Buschsavanne.

Gewohnheiten Spießböcke leben in Herden von 12 oder mehr Tieren. Bullen sind entweder territorial oder schließen sich zu kleinen Herden von 2–3 Tieren zusammen. Kälber werden nach der Geburt für einige Monate von den Müttern verborgen, ehe sie sich der Herde anschließen. Diese Antilopen gehen oft beim Grasen in die Kniee und können lange Zeit ohne Wasser auskommen.

Lautäußerungen Rinderähnliches Brüllen.

Nachwuchs Ein Junges wird irgendwann im Jahr nach einer Tragzeit von etwa 9 Monaten geboren.

Auch Gemsbock (von Afrikaans), Oryx antilope.

Niel Cillié

♂

♀

Burger Cillié

Gewicht ♂ 230–300 kg.
♀ 220–250 kg.

Hornlänge
± 75 cm.
Rekord 99,06 cm.

Nahrung Vorwiegend Gras, auch Blätter und Früchte.

Lebenserwartung
± 19 Jahre.

Feinde Gepard, Leopard, Löwe, Krokodil.

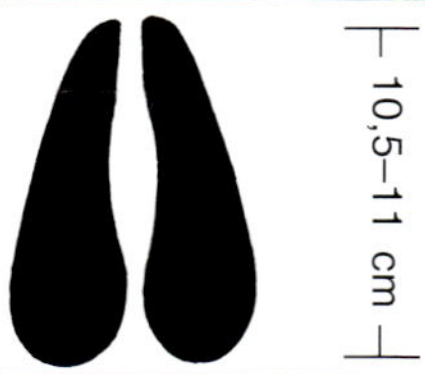

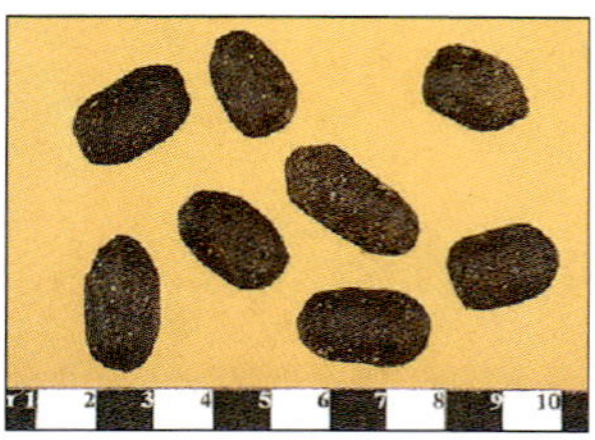

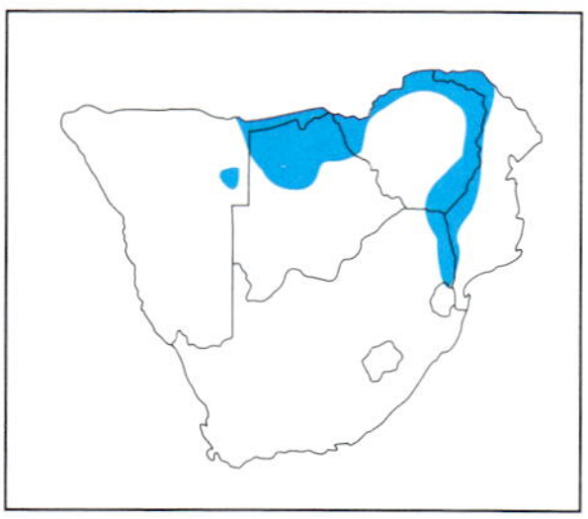

Pferdeantilope

Roan Antelope
Hippotragus equinus

Beschreibung Die Pferdeantilope ist fahl rötlichbraun mit einer dunkleren Stehmähne. Die Beine sind etwas dunkler als der Körper, der Bauch etwas heller, der Schwanz dunkelbraun bis schwarz. Durch den scharfen Kontrast der schwarzen Färbung auf weißem Hintergrund wirkt das Gesicht wie eine Maske. Pferdeantilopen haben auffallend lange Ohren. Beide Geschlechter tragen Hörner, ähnlich denen der Rappenantilope, in einem Bogen nach hinten geschwungen, nur kürzer.

Geschlechtsunterschied Weibliche Tiere sind kleiner und tragen dünnere Hörner.

Habitat Offene Baumsavanne in Wassernähe mit langem Gras.

Gewohnheiten Pferdeantilopen sind tagaktiv und leben in Herden von 5–25 Tieren, angeführt durch eine Leitkuh mit einem dominanten Bullen. Dieser verteidigt die weiblichen Tiere gegen andere Bullen. Junge Bullen bilden Junggesellenherden, während ältere Bullen Einzelgänger sind. Sie äsen frühmorgens und spätnachmittags. Die Bullen sind oft in Kämpfe verwickelt und beide Geschlechter verteidigen sich erfolgreich gegen Raubwild.

Lautäußerungen Ein prustendes Schnauben.

Nachwuchs Ein Kalb wird irgendwann im Jahr nach einer Tragzeit von 9 bis 9½ Monaten geboren.

Burger Cillié

♂

♀

Burger Cillié

Rappenantilope

Sable Antelope
Hippotragus niger

Gewicht ♂ 200–270 kg.
♀ 180–250 kg.

Hornlänge
♂ ± 102 cm.
Rekord 154,31 cm.

Nahrung Bevorzugt Gras, frißt auch Kräuter und Blätter.

Lebenserwartung
± 17 Jahre.

Feinde Leopard, Löwe, Krododil.

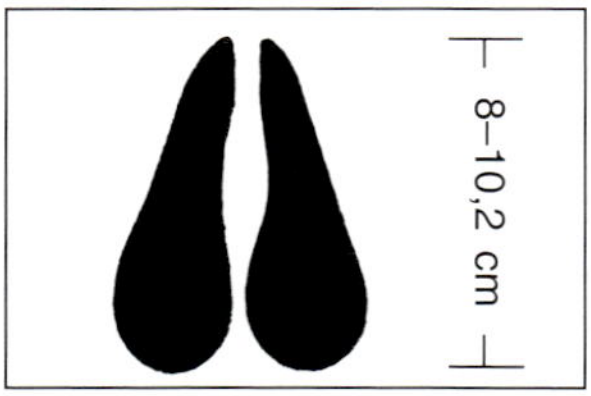

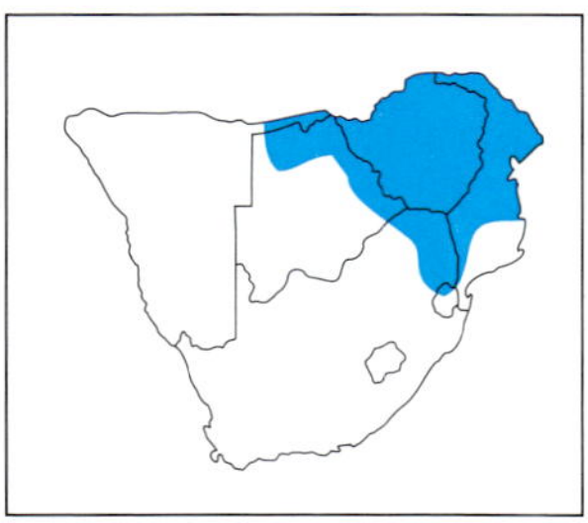

Beschreibung Beide Geschlechter tragen ein säbelähnliches nach hinten geschwungenes Gehörn. Bei jüngeren Tieren ist die Farbe dunkelbraun und wird mit zunehmendem Alter schwarz, Unterseite und Spiegel (Rückseite der Keulen) weiß. Weibliche Tiere sind rötlich bis dunkelbraun, während Kälber hellbraun sind. Das Gesicht hat einen schwarzen Nasenrücken und zwei dunkle Streifen, die von den Augen zu den Mundwinkeln gehen. Kälber sehen denen der Pferdeantilope sehr ähnlich, da sie sich jedoch selten weit vom Muttertier entfernen, sind sie nicht zu verwechseln.

Geschlechtsunterschied Weibchen sind etwas kleiner, meist brauner als Männchen, Hörner kürzer und dünner.

Habitat Offene Buschsavanne mit mittlerem bis langem Gras in Wassernähe. Sie vermeiden Gestrüpp mit kurzem Gras.

Gewohnheiten Diese tagaktiven Antilopen leben in Herden von 10–40 Tieren, die aus einem Leitbullen, weiblichen Tieren und Jungtieren oder auch aus Junggesellenherden und einzelnen Bullen bestehen. Hauptaktivitätsperioden frühmorgens und spätnachmittags. Mit ihren scharfen säbelähnlichen Hörnern verteidigen sie sich erfolgreich gegen die meisten Feinde aus der Tierwelt, sogar gegen Löwen, indem sie ihr Hinterteil im Gebüsch verstecken und den Angreifer mit gesenkten Hörnern erwarten.

Lautäußerungen Schnauben und Niesen.

Nachwuchs Ein Junges wird nach einer Tragzeit von etwa 8 Monaten zwischen Januar und März geboren.

Burger Cillié

♂

♀

Burger Cillié

Gewicht ♂ 250–270 kg.
♀ 205–250 kg.

Hornlänge
± 75 cm.
Rekord 99,70 cm.

Nahrung Gras, bisweilen Blätter. Trinkt regelmäßig.

Lebenserwartung
± 14 Jahre.

Feinde Tüpfelhyäne, Löwe, Gepard, Afr. Wildhund.

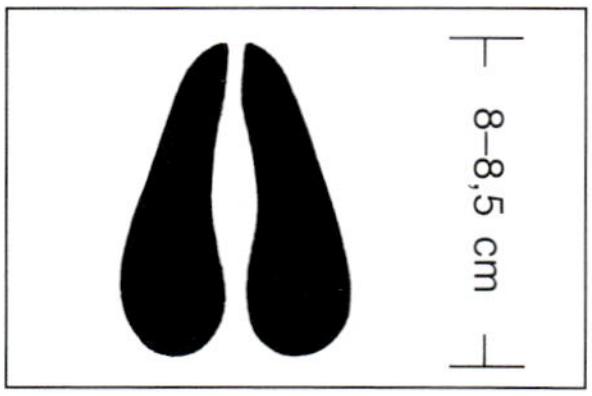

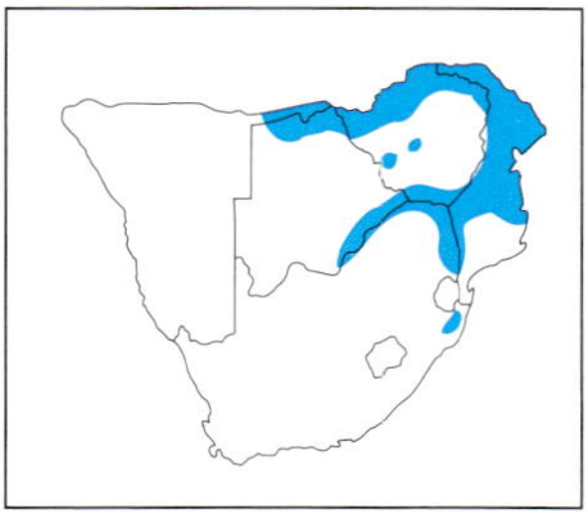

Ellipsenwasserbock

Waterbuck
Kobus ellipsiprymnus

Beschreibung Große, graubraune Antilope mit charakteristischem weißen Ring um den Schwanz. Weitere weiße Markierungen sind die langen Haare der inneren Ohren, die Augenbrauen und die Schnauze. Die Schwanzquaste, sowie die unteren Beine sind dunkler. Fell rauh, lang und zottelig.

Geschlechtsunterschied Männliche Tiere stärker als weibliche, die ungehörnt sind.

Habitat Gebiete an Flüssen und trockenen, Sümpfen; sie sind nie weit vom Wasser entfernt.

Gewohnheiten Tagaktive, gesellige Tiere. Die kleinen Herden von 6–12 Tieren bestehen meist aus Kühen und Kälbern. Bullen sind territorial und gehen entweder einzeln oder als Herde. Ernsthafte Kämpfe zwischen Bullen sind häufiger als bei den meisten anderen Antilopenarten. Bei Gefahr fliehen sie ins Wasser, trotz Anwesenheit von Krokodilen, die sie vermutlich wegen ihres abstoßenden Körpergeruchs verschmähen.

Lautäußerungen Schnauben bei Alarm oder Erregung. Kühe rufen Kälber mit leisem "Muh".

Nachwuchs Ein Junges, manchmal zwei, wird irgendwann im Jahr nach einer Trageit von etwa 9 Monaten geboren.

Auch Wasserbock.

Burger Cillié

♂

♀

Burger Cillié

Gewicht ♂ 100–130 kg.
♀ 61–97 kg.

Hornlänge
± 70 cm.
Rekord 88,90 cm.

Nahrung Wassergräser sowie Gräser am Rand des Sumpfes.

Lebenserwartung
Unbekannt.

Feinde Löwe, Gepard.

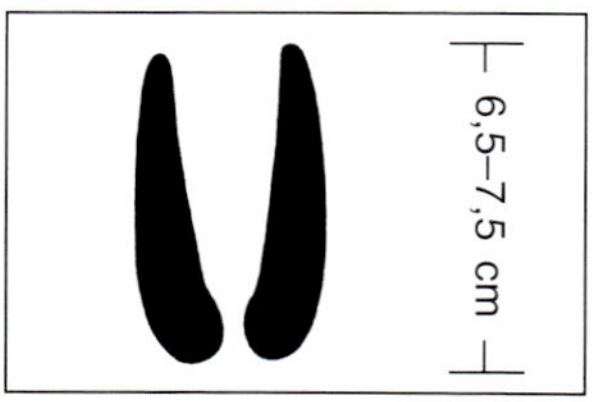

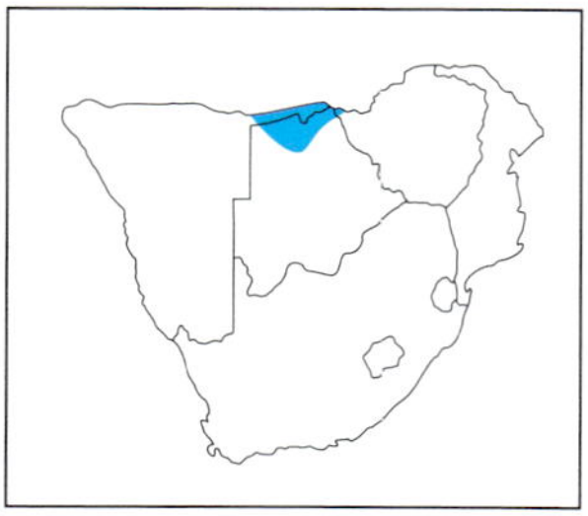

Letschwe

Lechwe
Kobus leche

Beschreibung Eine ungewöhnlich gebaute Antilope von mittlerer Größe, die hinten höher steht als vorne, daher fällt die Rückenlinie nach vorne ab. Die Farbe ist ein leuchtendes Rotbraun mit helleren Flanken; Bauch, Kehle und Innenseite der Beine sind weiß. Die Hufe sind verlängert und etwas gespreizt, wodurch die Bewegung im sumpfigen Gelände ermöglicht wird. Schwarze Markierungen an den Vorderkanten der Vorderläufe, sowie im unteren Teil der Hinterläufe, schwarze Schwanzquaste. Puku Antilopen sind im Vergleich kleiner und ohne Schwarz an den Läufen.

Geschlechtsunterschied Weibliche Tiere leichter und ungehörnt.

Habitat Leichte Sümpfe und Flutebenen.

Gewohnheiten Letschwen bilden Herden mit Weibchen und Jungtieren von 10–100 und mehr Tieren, am häufigsten sind Herden von 10–20. Gute Schwimmer und laufen ohne Schwierigkeit in seichtem Wasser. Bei Gefahr suchen sie im Wasser Zuflucht. Auf festem Land sind sie nicht sehr schnell und laufen mit charakteristisch gesenktem Kopf und Hals. Äsen knietief im Wasser, besonders frühmorgens und spätnachmittags. Suchen trockene Inseln im Sumpf zur Rast auf, schlafen nachts am Ufer in Wassernähe.

Lautäußerungen Wieherndes Grunzen als Warnlaut sowie tiefer Pfeifton.

Nachwuchs Ein Junges wird irgendwann im Jahr (vor allem zwischen Oktober und Dezember) nach einer Tragzeit von 7 bis 8 Monaten geboren.

Auch Moorantilope, Litschi.

Burger Cilliê

♂

♀

Burger Cilliê

Gewicht ♂ 68–91 kg.
♀ 48–80 kg.

Hornlänge
± 45 cm.
Rekord 56,20 cm.

Nahrung Vorwiegend Gras, auch Triebe und Blätter von Bäumen.

Lebenserwartung
Unbekannt.

Feinde Gepard, Leopard, Löwe, Afr. Wildhund.

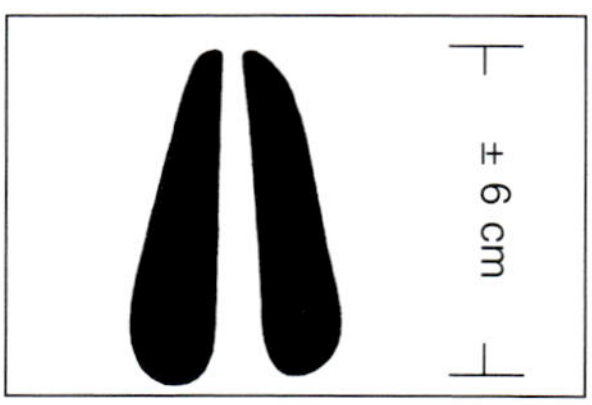

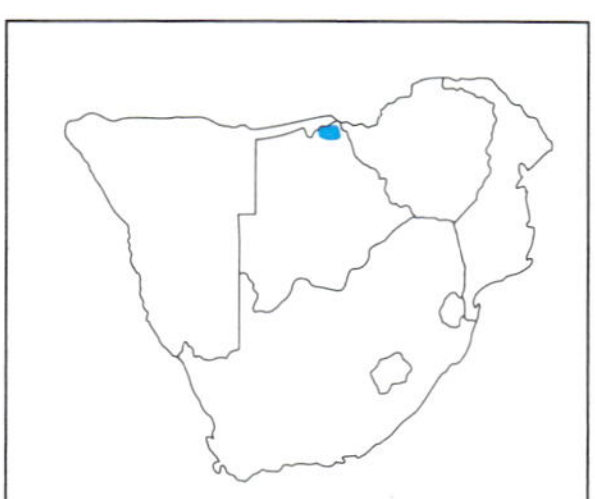

Puku

Puku
Kobus vardonii

Beschreibung Kräftiggebaute, mittelgrosse Antilope mit gerader Rückenlinie. Die Farbe ist goldbraun mit Kehle, Bauch, Augenbrauen und Schnauze weißlich. Die Rückseiten der Ohren haben schwarze Ränder. Im Vergleich zum Letschwe sind sie kleiner, haben eine gerade Rückenlinie, sind weniger weiß, und es fehlen die schwarzen Streifen an den Beinen.

Geschlechtsunterschied Weibchen kleiner als Böcke und ungehörnt.

Habitat Grasflächen zwischen Sumpfgebieten und dem umliegender Buschsavanne.

Gewohnheiten Pukus leben in Herden von 6–28 Tieren, die sich aus weiblichen Tieren und Jungtieren zusammensetzen. Böcke sind territorial und leben einzeln oder bilden Junggesellenherden. Es gibt freie Bewegung zwischen diesen Herden. Zur Brunft versammelt der Bock einen Harem in seinem Territorium, den zusammenzuhalten seine ganze Aufmerksamkeit fordert. Pukus sind tag- und nachtaktiv.

Lautäußerungen Wiederholtes Alarmpfeifen.

Nachwuchs Ein Junges wird irgendwann im Jahr (vor allem zwischen Mai und September) nach einer Tragzeit von 7 bis 8 Monaten geboren.

Auch Grasantilope.

Burger Cillié

♂

♀

Burger Cillié

Gewicht ♂ ± 80 kg.
♀ ± 70 kg.

Hornlänge
± 30 cm.
Rekord 46,67 cm.

Nahrung Gras.

Lebenserwartung
± 9 Jahre.

Feinde Tüpfelhyäne, Gepard, Leopard, Löwe, Afr. Wildhund, Python.

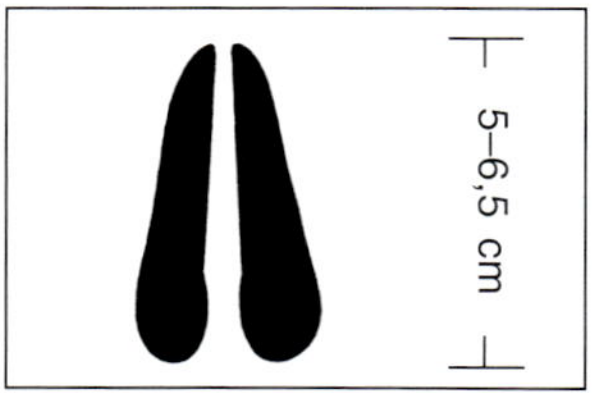

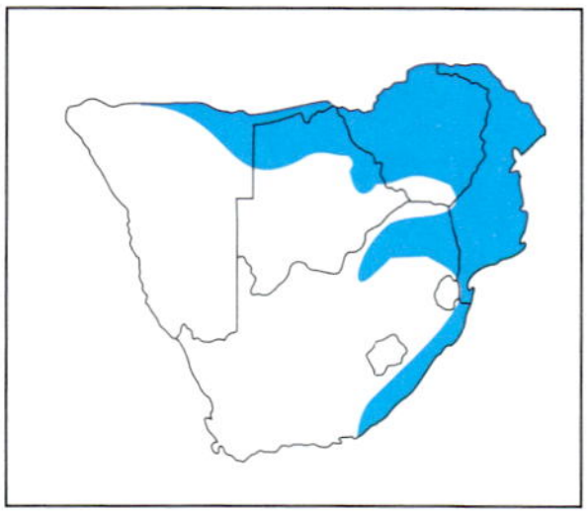

Großriedbock

Reedbuck
Redunca arundinum

Beschreibung Körperfarbe ein gelbliches Graubraun mit grauweißer Kehle und Unterseite, Vorderseite der Vorderläufe dunkelbraun. Schwanz buschig mit weißer Unterseite. Dunkler Drüsenfleck unter den Ohren. Verwechslungsmöglichkeit mit Impala und Bergriedbock: Impala hat 3 schwarze Streifen auf dem Schwanz und Keulen sowie rötlichere Körperfarbe. Bergriedbock ist kleiner und grauer und hat einen anderen Standort.

Geschlechtsunterschied Böcke gehörnt und stärker als Ricken.

Habitat Sumpfige Gebiete, Riedbetten, Flußebenen in Wassernähe.

Gewohnheiten Paarweise oder in Familiengruppen, auch zeitweise in größeren Herden während der Wintermonate, ist aber kein Herdentier. Hauptaktivität in den kühleren Tagesstunden sowie nachts, ruhen in der Hitze des Tages in hohem Gras oder Riedbetten. Laufen in Schaukelpferdbewegung mit erhobenem Schwanz und zeigen die weiße Unterseite.

Lautäußerungen Schrilles Alarmpfeifen.

Nachwuchs Ein Junges wird irgendwann im Jahr nach einer Tragzeit von 7½ bis 8 Monaten geboren.

Auch Riedbock.

♂ Burger Cillié

♀

Burger Cillié

Bergriedbock

Mountain Reedbuck
Redunca fulvorufula

Gewicht ♂ 24–36 kg.
♀ 15–34 kg.

Hornlänge
± 14 cm.
Rekord 29,21 cm.

Nahrung Gras. Trinkt regelmäßig.

Lebenserwartung
± 11 Jahre.

Feinde Leopard, Python, Schabrachenhyäne.

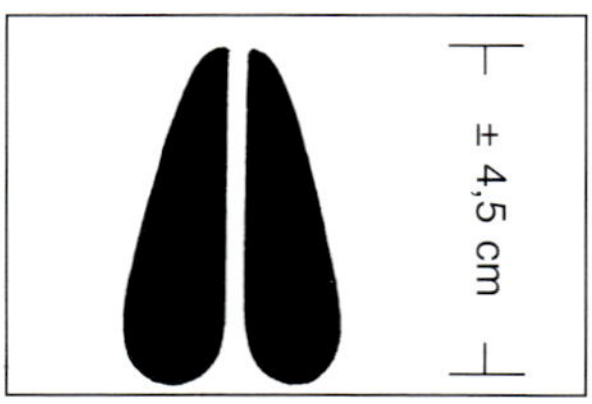

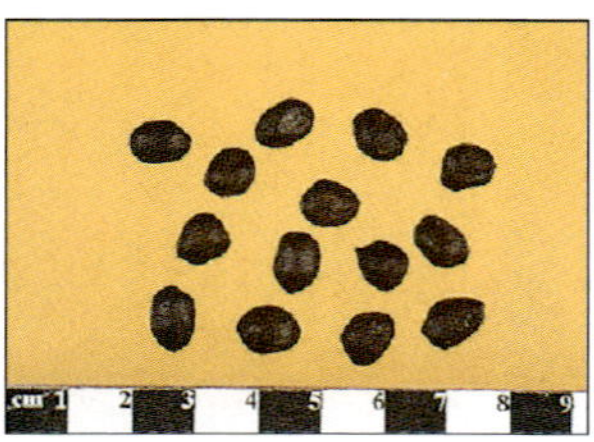

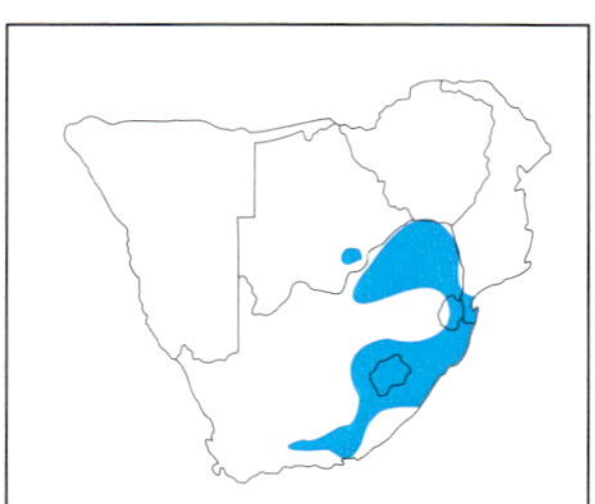

Beschreibung Mittelgroße Antilope mit recht langhaarigem Fell und nach vorne gebogenen Hörnern. Farbe variiert von grau zu rötlichbraun, Bauch und Schwanzunterseite sind weiß. Schwanz buschig. Dunkle haarlose Drüsenflecken unter den Ohren. Er unterscheidet sich vom Vaal-Rehbock, der grauer und wolliger ist und einen längeren Hals hat, spitze, aufrechtere Ohren sowie gerade und spitze Hörner.

Geschlechtsunterschied Böcke etwas größer als Ricken; Ricken sind ungehörnt.

Habitat Steinige Berghänge, Berge und Hügel mit genug Futter und Schutz.

Gewohnheiten Bergriedböcke sind gern in Gesellschaft. Sie bilden meist kleinere Gruppen von 3–6 Tieren, doch Herden bis zu 30 Tieren wurden bereits beobachtet. Böcke leben einzeln oder in Junggesellenherden. Es sind neugierige, aber scheue und vorsichtige Tiere. In der Hitze des Tages wird geruht; geäst wird frühmorgens und spätnachmittags, sowie nachts. Laufen in typischer Riedbockart in Schaukelpferdbewegung mit aufrechtem Schwanz und zeigen die weiße Unterseite.

Lautäußerungen Schrilles Alarmpfeifen.

Nachwuchs Ein Junges wird irgendwann im Jahr (vor allem im Dezember und Januar) nach einer Tragzeit von ± 8 Monaten geboren.

♂

Burger Cillié

♀

HPH Photography/Photo Access

Gewicht ♂ 18–23 kg.
♀ 18–21 kg.

Hornlänge
± 20 cm.
Rekord 30,16 cm.

Nahrung Ausschließlich Gras.

Lebenserwartung
± 9 Jahre.

Feinde Gepard, Leopard.

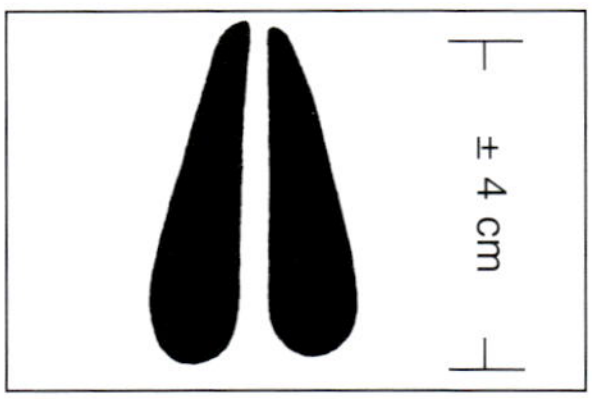

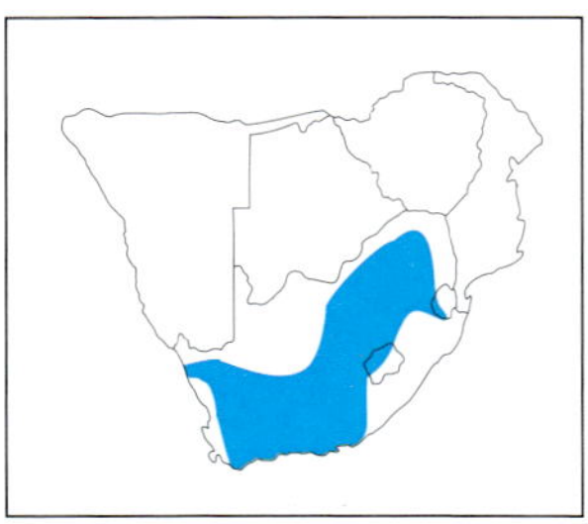

Rehantilope

Grey Rhebok
Pelea capreolus

Beschreibung Die Rehantilope ist eine mittelgroße Antilope von grauer bis graubrauner Farbe mit dichtem, wolligem Fell. Unterseite, sowie Schwanzunterseite sind weiß. Der Hals ist lang und dünn, die Ohren lang, schmal und zugespitzt und stehen beim wachsamen Tier senkrecht, im Unterschied zum Bergriedbock. Die Hörner sind gerade und fast im rechten Winkel zur Stirn, nur in den Hornspitzen bisweilen leicht vorwärts gebogen. Der recht ähnliche Bergriedbock hat einen schwarzen Fleck unter den Ohren und deutlich in den Spitzen vorwärts gebogene Hörner.

Geschlechtsunterschied Weibliche Tiere sind ungehörnt und leichter als männliche.

Habitat Offene Berghänge oder Hochebenen mit Grasland. Ist vom Wasser unabhängig.

Gewohnheiten Herdentiere, die Gruppen bis zu 12 Tieren bilden, die aus einem Bock sowie mehreren Ricken und Jungtieren bestehen. Andere Böcke sind territorial und Einzelgänger. Sie weiden den ganzen Tag über mit kurzen Pausen wahrend der heißesten Zeit. Sie sind sehr wachsame Tiere und flüchten bei Gefahr in Schaukelpferdbewegung, die weiße Schwanzunterseite zeigend.

Lautäußerungen Schnauben und Alarmhusten, sowie Pfeifen.

Nachwuchs Ein Junges wird im Dezember oder Januar nach einer Tragzeit von etwa 8½ Monaten geboren.

Auch Vaalrehantilope.

Burger Cillié

♂

♀

Burger Cillié

Gewicht ♂ 9–12 kg.
♀ 11–16 kg.

Hornlänge
± 8 cm.
Rekord 16,19 cm.

Nahrung Kräuter und bisweilen Gräser.

Lebenserwartung
± 7 Jahre.

Feinde Leopard, Löwe, Karakal, Python.

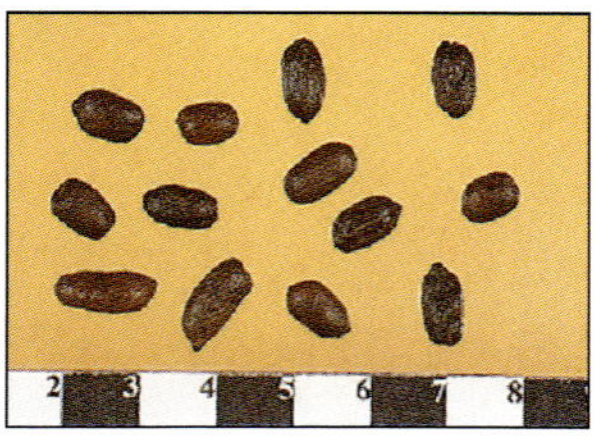

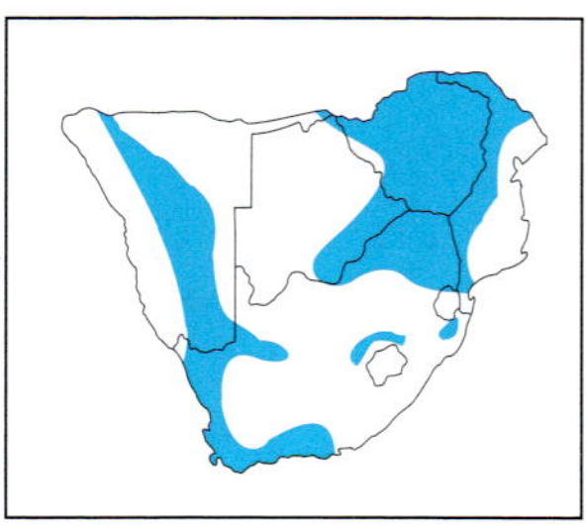

Klippspringer

Klipspringer
Oreotragus oreotragus

Beschreibung Der Klippspringer ist eine kleine Antilope mit dichtem Fell, das Schutz bietet, wenn er an Felsen stößt. Die Farbe wechselt zwischen gelb, graubraun und stumpfgrau, mit feinen schwarzen Punkten, die ihn farblich gut mit der felsigen Umgebung verschmelzen läßt. Die Bauch ist weiß, der kurze Schwanz gleichfarbig mit dem Körper. Die Voraugendrüse ist als schwarzer, tränenförmiger Fleck sichtbar. Hörner sind kurz, gerade und an den Spitzen leicht vorwärts gebogen. Der Kronenducker unterscheidet sich vom Klippspringer dadurch, daß er kleiner ist und keinen schwarzen Fleck an den Voraugendrüsen hat.

Geschlechtsunterschied Weibchen tragen keine Hörner und sind körperlich größer als Männchen.

Habitat Immer auf – oder in der Nähe von felsigen Hügen, Kuppen oder Bergen. Ist unabhängig von Wasser.

Gewohnheiten Klippspringer leben paarweise, in Familiengruppen oder alleine. Böcke markieren mit ihrem Geruch ihr Territorium. Man sieht sie oft bewegungslos auf hohen Felsen stehen. Sie sind sehr flink, springen behende und bewegen sich schnell und sicher an steilen Felswänden empor. Das ist möglich, weil sie sich auf den Spitzen ihrer dünnen Hufe bewegen. Frühmorgens und spätnachmittags sind sie aktiv, während der heißen Tagesstunden wird im Schatten geruht.

Lautäußerungen Lautes keuchendes Pfeifen als Warnruf.

Nachwuchs Ein Junges wird irgendwann im Jahr nach einer Tragzeit von 7 bis 7½ Monaten geboren.

♂ Burger Cillié

♀ Niel Cillié

Bleichböckchen

Oribi
Ourebia ourebi

Gewicht ♂ 11–17 kg.
♀ 8–20 kg.

Hornlänge
± 10 cm.
Rekord 19,05 cm.

Nahrung Gras.
Trinkt regelmäßig.

Lebenserwartung
± 13 Jahre.

Feinde Gepard, Leopard, Löwe, Karakal, Afr. Wildhund.

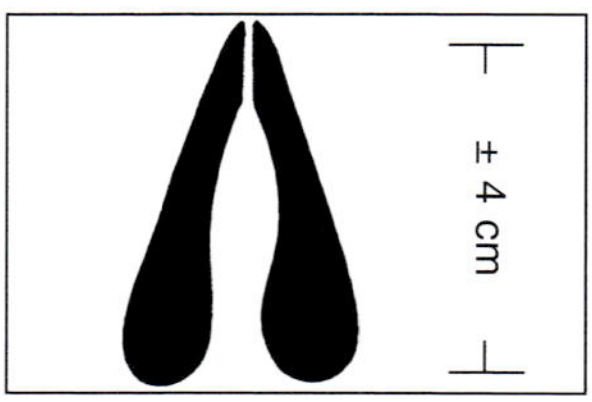

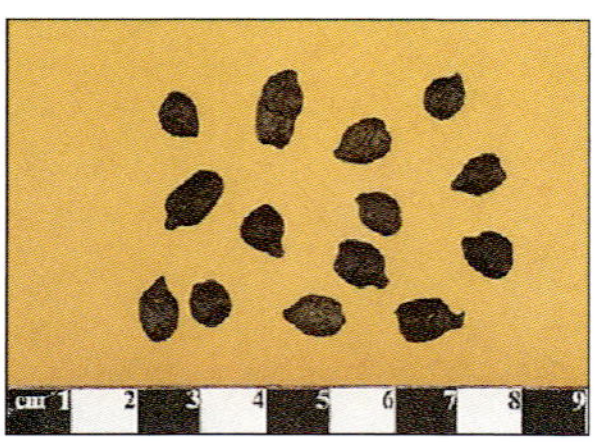

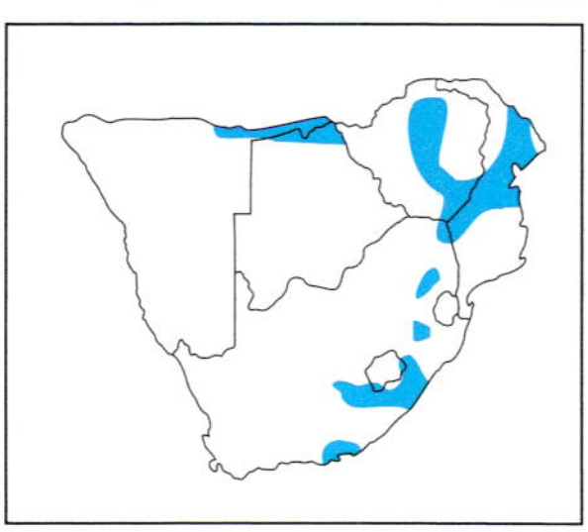

Beschreibung Kleinere Antilope mit hellrostbrauner Färbung, weißer Kehle und Unterseite. Hörner aufrecht, an den Spitzen leicht nach vorne gebogen. Weiße Flecken neben den Nüstern und vor den Augen. Das Schwänzchen ist oben schwarz und unten weiß. Unter den Ohren ist ein schwarzer Fleck. Vom Steinböckchen ist es durch den schwarzen Schwanzfleck, das weiter ausgedehnte Weiß der Unterseite, den längeren, dünneren Hals und seinen größeren Körperbau zu unterscheiden. Von der Rehantilope dagegen unterscheidet es sich durch seine rotbraune Körperfarbe und geringere Größe.

Geschlechtsunterschied Weibchen ungehörnt und etwas größer als Männchen.

Habitat Offene Grassteppen oder Flutebenen mit genug Wasser.

Gewohnheiten Bleichböckchen laufen meist einzeln, aber auch in Familiengruppen oder vorübergehend in Herden bis zu 12 Tieren. Böcke sind territorial und versorgen ihr Gebiet für die Paarungszeit. Während der heißen Tageszeit ruhen sie im Gras und äsen, wenn es kühler wird. Bei Gefahr springen sie auf und wechseln das Laufen ab mit hüpfenden Sprüngen. Sie sind neugierig und bleiben manchmal stehen, um rückwärts zu blicken oder gar umzukehren. Sie benutzen gemeinsame Kotplätze.

Lautäußerungen Schnaubender Alarmpfiff.

Nachwuchs Ein Junges wird zwischen Oktober und Dezember nach einer Tragzeit von etwa 7 Monaten geboren.

Auch Oribi.

Burger Cillié

♂

♀

Burger Cillié

Gewicht ♂ 9–13 kg.
♀ 11–13 kg.

Hornlänge
± 9 cm.
Rekord 19,05 cm.

Nahrung Gras und Laub, auch gelegentlich Wurzeln und Knollen.

Lebenserwartung
± 6 Jahre.

Feinde Gepard, Leopard, Löwe, Karakal, Afrikanischer Wildhund.

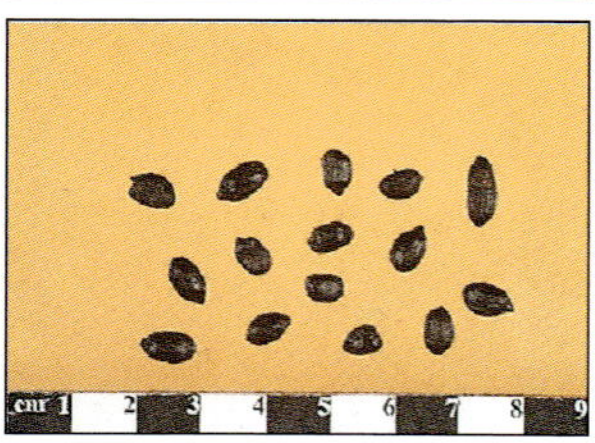

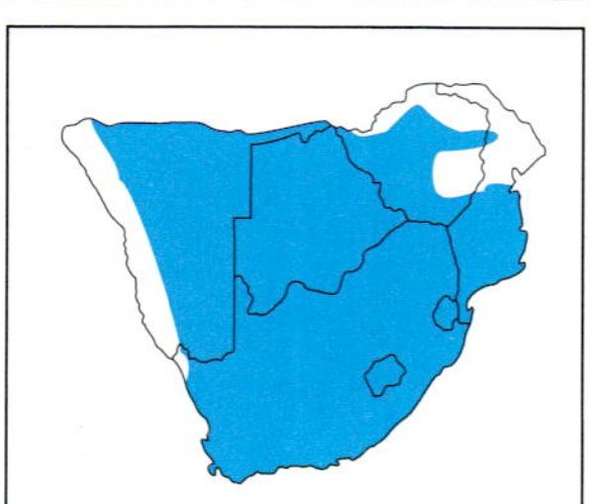

Steinböckchen

Steenbok
Raphicerus campestris

Beschreibung Die Farbe variiert zwischen hell-und rostbraun. Bauch, Innenseite der Beine und Unterseite des Schwanzes sind weiß. Die Hörner sind senkrecht, gerade und sehr scharf. Es ist eine kleine Antilope, die noch recht häufig vorkommt. Kleiner als das Bleichböckchen und mit kürzerem Hals. Auch besitzt das Steinböckchen nicht den schwarzen Punkt unterhalb der Ohren und auf dem Schwanz wie das Bleichböckchen.

Geschlechtsunterschied Nur die Böcke tragen Hörner.

Habitat Offener Busch, mit langem Gras; meiden bergiges oder felsiges Gebiet und sind unabhängig vom Wasser.

Gewohnheiten Steinböcke leben außerhalb der Paarungszeit einzeln. Beide Geschlechter markieren ihr Territorium mit strategischen Losungshäufchen und Geruch mit Hilfe der Geruchsdrüsen. In der heißen Tageszeit ruhen sie im Schatten und äsen, wenn es kühler wird, auch nachts. Territorial, doch überschneiden sich Territorien bisweilen. Bei drohender Gefahr legen sie sich flach, mit gesenktem Haupt auf den Boden und springen erst in letzter Sekunde auf, im Vertrauen auf ihr schnellfüßiges Fluchtvermögen.

Lautäußerungen Leises Blöken.

Nachwuchs Ein Junges wird irgendwann im Jahr (vor allem zwischen November und Dezember) geboren, seltener auch zwei.

Burger Cillié

♂

♀

Burger Cillié

Kap-Greisbock

Cape Grysbok
Raphicerus melanotis

Gewicht 9–12 kg.

Hornlänge
± 8 cm.
Rekord 13,34 cm.

Nahrung Gräser, Kräuter, Früchte; können lange Zeit ohne Wasser auskommen.

Lebenserwartung
Unbekannt.

Feinde Gepard, Leopard, Löwe, Karakal, Afr. Wildhund.

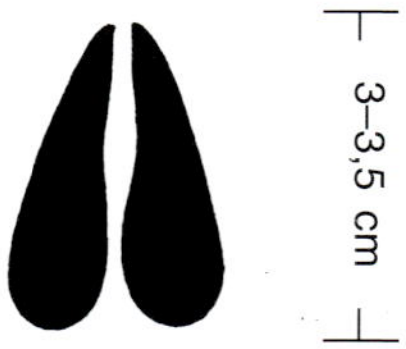

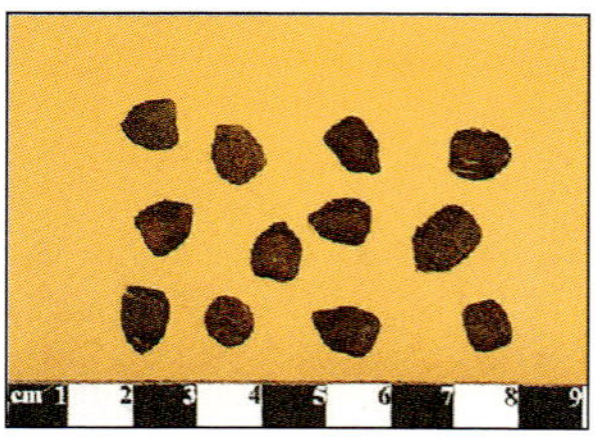

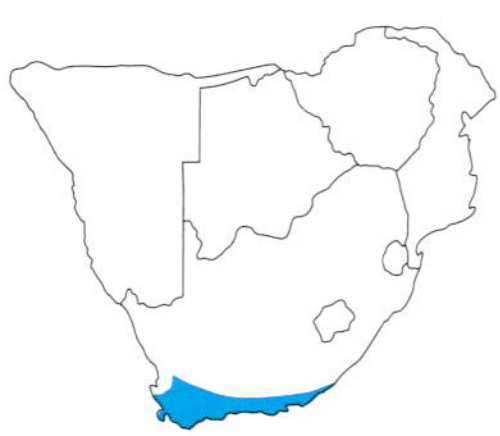

Beschreibung Die Farbe ist ein dunkles, rötliches Braun mit weißen Sprenkeln. Kehle, Bauch und Innenseite der Beine sind helles Gelbbraun. Die langen Ohren sind eckig, die Hörner kurz, gerade und aufrecht. Diese kleine Antilope ist etwas schwerer und dunkler als der tropische Sharpe-Greisbock. Vom Steinböckchen unterscheiden sie sich durch die ausgeprägte Sprenkelung und die Vorliebe für dichteren Busch.

Geschlechtsunterschied Nur die Männchen tragen Hörner.

Habitat Buschiges Unterholz an Flüssen und in Vorgebirgen. Sind unabhängig von Wasser.

Gewohnheiten Greisböcke sind Einzelgänger außerhalb der Paarungszeit. Ihre Bewegungsart ist langsam und vorsichtig mit gesenktem Kopf. Bei Gefahr legen sie sich flach hin und flüchten erst im letzten Moment. Vorwiegend nachtaktiv, aber auch schon spätnachmittags unterwegs. Die warme Tageszeit verbringen sie im Schutz von dichtem Unterholz.

Lautäußerungen Blöken als Angstruf.

Nachwuchs Ein Lamm wird im September oder Oktober nach einer Tragzeit von etwa 7 Monaten geboren.

Burger Cillié

♂

♀

Ulrich Oberprieler

Sharpe-Greisbock

Gewicht ♂ ± 8 kg.
♀ ± 7,5 kg.

Hornlänge
± 6 cm.
Rekord 10,48 cm.

Nahrung Blätter, Triebe, Wurzeln, Früchte und frisches Gras.

Lebenserwartung
Unbekant.

Feinde Leopard, Karakal.

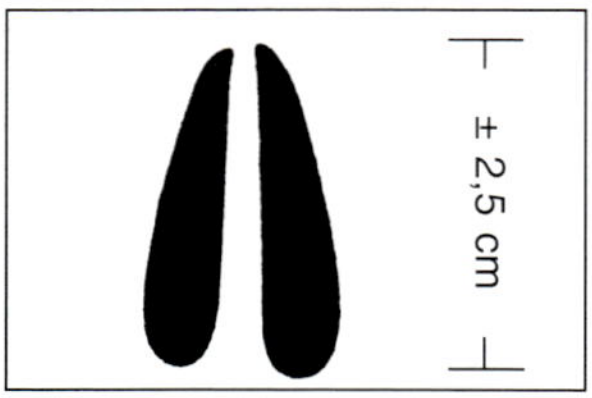

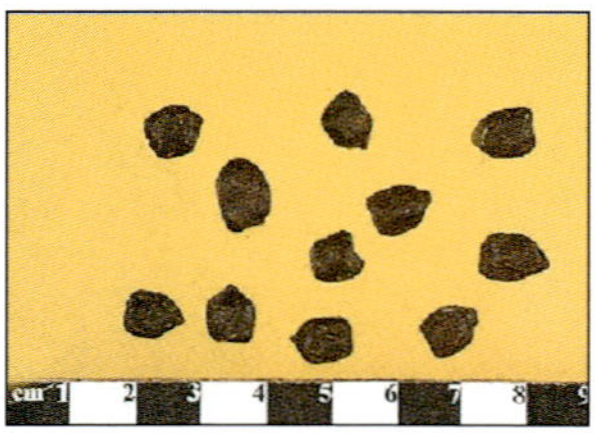

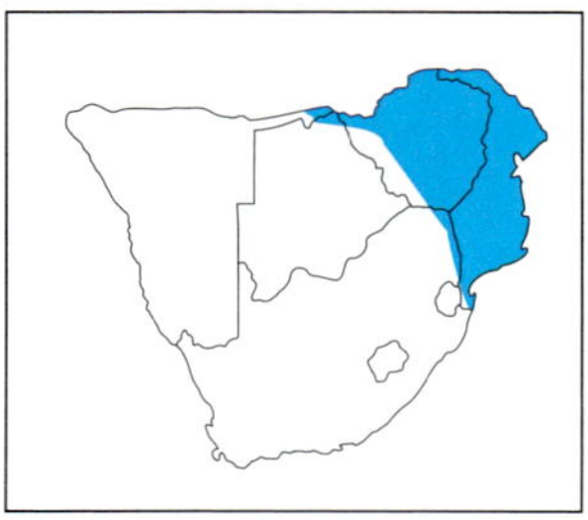

Sharpe's Grysbok
Raphicerus sharpei

Beschreibung Dieser Bock ist klein und hellbraun mit weißer Sprenkelung nur auf dem Körper. Die Innenseite der Beine und der Bauch sind weiß, die Hörner sehr kurz und aufrecht. Der Sharpe-Greisbock unterscheidet sich vom Kap-Greisbock dadurch, daß er etwas kleiner und heller ist und seine Ohren rund sind und vom Steinbock durch weiße Sprenkelung auf dem Körper und der Vorliebe zum anderen Habitat.

Geschlechtsunterschied Ricken etwas größer als Böcke, ohne Hörner.

Habitat Busch und Baumsavanne, Grasland. Ist unabhängig von Wasser.

Gewohnheiten Einzelgänger außer zur Paarungszeit. Vorwiegend nachtaktiv; äsen an kühlen Tagen auch morgens und spätnachmittags. In der Hitze des Tages ruhen sie im dichten Unterholz. Sie flüchten mit gesenktem Kopf in geduckter Haltung, was sie von anderen kleinen Bockarten unterscheidet.

Lautäußerungen Blökendes Schreien in Not, sonst stumm.

Nachwuchs Ein Junges wird irgendwann im Jahr nach einer Tragzeit von etwa 7 Monaten geboren.

Burger Cillié

♂

♀

Burger Cillié

Gewicht ♂ 4,5–5,2 kg.
♀ 5,1–6,8 kg.

Hornlänge
± 8 cm.
Rekord 13,34 cm.

Nahrung Laub und Blätter. Nicht an Wasser gebunden.

Lebenserwartung
Unbekannt.

Feinde Leopard, Python.

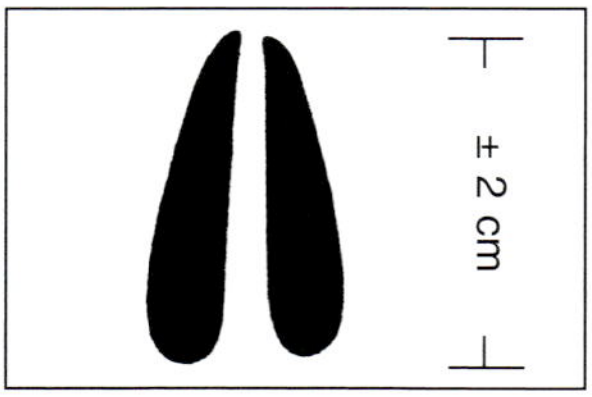

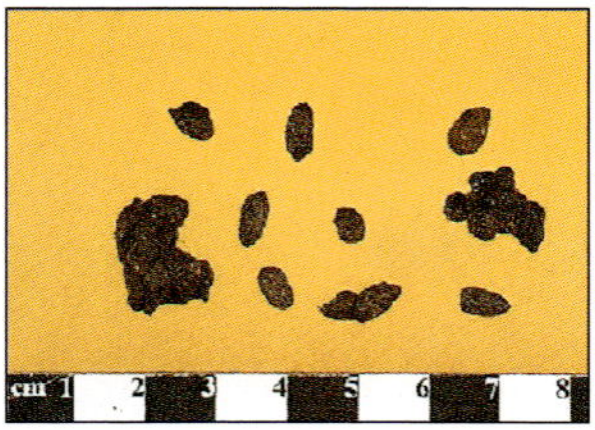

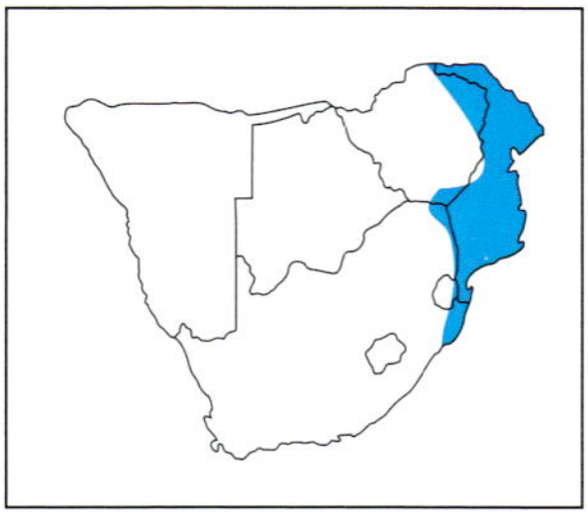

Moschusböckchen

Suni
Neotragus moschatus

Beschreibung Eine sehr kleine Antilope. Färbung variiert zwischen mattem Hellbraun und hellem Rotbraun, fein gesprenkelt an den oberen Körperteilen. Kehle, Bauch und Innenbeine sind weiß. Schwanz lang und dunkel, mit weißem Rand und weißer Unterseite. Die Oberlippe steht etwas über der Unterlippe. Die Hörnchen sind kurz, gerade und liegen schräg nach hinten in Linie des Gesichts. Es unterscheidet sich vom Steinböckchen und Kronenducker durch seinen kleineren Bau, kleinere Ohren, die schrägliegenden Hörner und den langen Schwanz.

Geschlechtsunterschied Nur die Böcke tragen Hörner und sind leichter als die Ricken gebaut.

Habitat Dickicht in trockener Buschsavanne. Ist unabhängig von Wasser.

Gewohnheiten Sehr scheu und selten zu sehen. Meist einzeln, selten paarweise oder in Familiengruppen. Äsen frühmorgens und spätnachmittags. Bei Störung verhalten sie sich für geraume Zeit erst ruhig, ehe sie flüchten. Sie bewegen sich fast lautlos, manchmal verrät sie nur das immer wedelnde Schwänzchen. Sie benutzen gemeinsame Plätze zum Misten.

Lautäußerungen Schnaufen und hohes “Tschi-tschi” Pfeifen beim Flüchten.

Nachwuchs Ein Junges wird zwischen August und Februar nach einer Tragzeit von etwa 4 Monaten geboren.

Auch Suni.

♂

SA National Parks

♀

HPH Photography/Photo Access

Damara-Dikdik

Damara Dik-dik
Madoqua kirkii

Gewicht 4,3–5,5 kg.

Hornlänge
± 8 cm.
Rekord 10,48 cm.

Nahrung Blattwerk, frisches Gras, wasserunabhängig.

Lebenserwartung
± 9 Jahre.

Feinde Leopard, Löwe, Karakal.

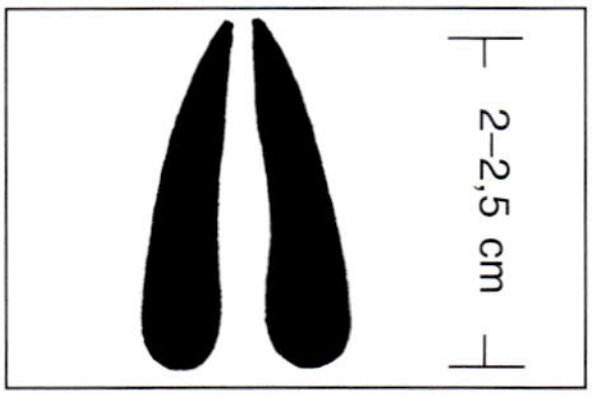

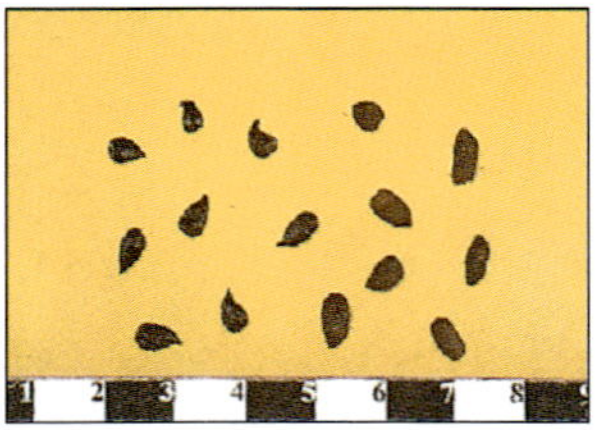

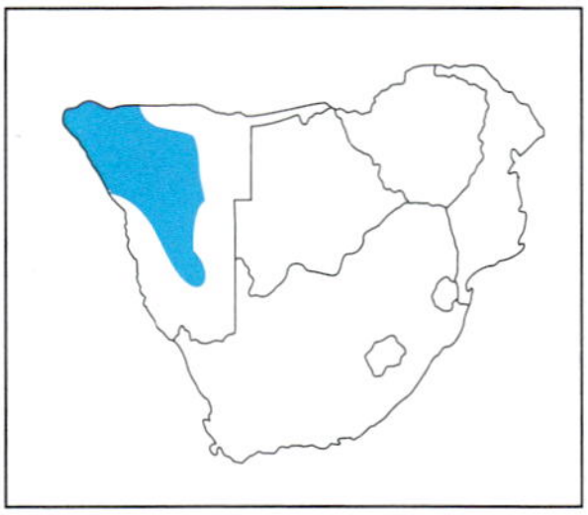

Beschreibung Rücken und Keulen sind fein gesprenkelt graubraun; Hals, Schultern und Flanken sind intensiver braun. Um die großen Augen sind sie weiß, an Kehle und Bauch schmutzig weiß. Die Hörnchen sitzen direkt über den Augen und führen in der Gesichtslinie schräg nach hinten. Auf der Stirn zwischen den Hörnern wächst ein Haarschopf, der aufgerichtet werden kann. Oberlippe und Nasenflügel sind rüsselartig über die Unterlippe verlängert.

Geschlechtsunterschied Nur Böcke tragen Hörner.

Habitat Bevorzugen dichte Baumsavanne mit Sträuchern und wenig Gras. Sind unabhängig von Wasser.

Gewohnheiten Dikdiks leben einzeln, paarweise oder zu drift. Zur Trockenzeit können bis zu 6 Tiere beisammen sein. Sie äsen nur frühmorgens und spätnachmittags, z.T. bis in die Nacht hinein. Die heißen Stunden verbringen sie in tiefem Schatten. Gemeinsame Kothaufen sind üblich. Wenn sie erschrecken, springen sie manchmal weg, indem sie mit steifen Beinen prunken und ein lautes Flöten von sich geben, wenn sie auf der Erde aufsetzen.

Lautäußerungen Hohes vibrierendes Pfeifen und kurzes explosives Pfeifen.

Nachwuchs Ein Junges wird zwischen Dezember und April nach einer Tragzeit von 5½–6 Monaten geboren.

Auch Zwergrüsselantilope.

Burger Cillié

♂

♀

Niel Cillié

Gewicht ♂ 15–21 kg.
♀ 17–25 kg.

Hornlänge
± 11 cm.
Rekord 18,1 cm.

Nahrung Blätter, Triebe, Blüten, Früchte und Samen.

Lebenserwartung
± 10 Jahre.

Feinde Leopard, Karakal, Afr. Wildhund, Löwe.

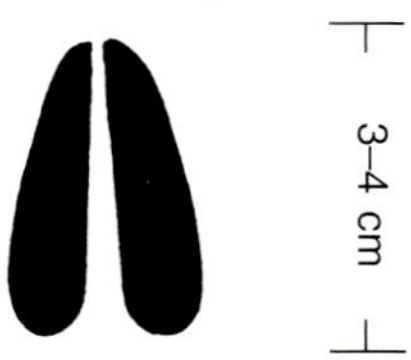

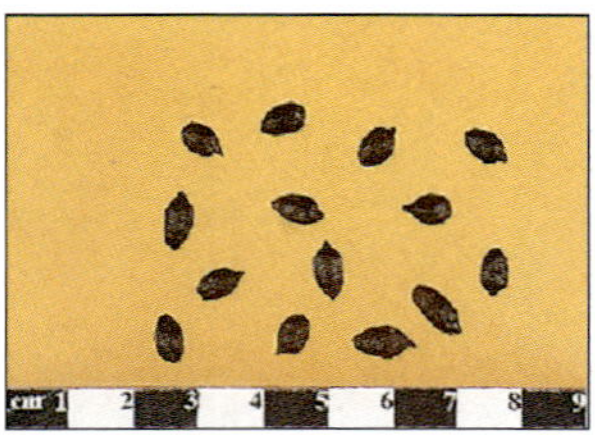

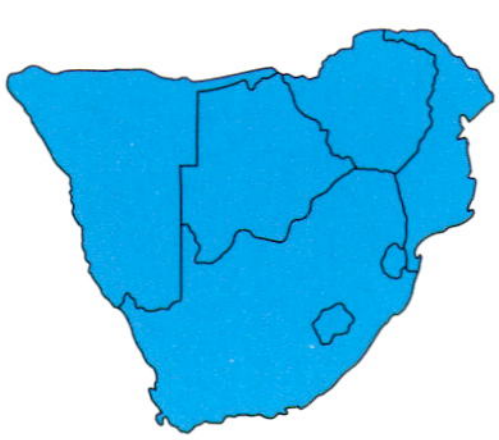

Kronenducker

Grey Duiker
Sylvicapra grimmia

Beschreibung Die Farbe dieser kleinen Antilope variiert zwischen einem gelblichen Graubraun und einem stumpfen Graubraun mit feinen weißen Sprenkeln. Bauch und Innenseite der Beine sind weiß. Die Männchen haben ein Büschel langer schwarzer Haare zwischen den Hörnchen und die Beine vorne jeweils einen schwarzen Längsstreifen. Der Schwanz ist kurz, schmal und unten weiß. Besonderes Merkmal ist ein schwarzer Streifen von der Nase zur Stirn. Kronenducker sind größer und grauer als Rotducker.

Geschlechtsunterschied Weibchen etwas stärker als Männchen und ohne Hörner.

Habitat Weit verbreitet, benötigt genügend Busch und Unterholz als Deckung und für Kühle.

Gewohnheiten Kronenducker sind außerhalb der Paarungszeit Einzelgänger. Sie äsen hauptsächlich frühmorgens und spätnachmittags, manchmal auch nachts. Verbringen die heiße Tageszeit in dichtem Gestrüpp. Bei Gefahr verhalten sie sich regungslos, bis der Eindringling fast bei ihnen ist, bevor sie aufspringen und flüchten. Sie laufen mit gesenktem Kopf und in Zickzackbewegung. Kommen noch außerhalb der Naturschutzgebiete vor, sind dort aber häufiger nachtaktiv.

Lautäußerungen Schnauben und näselnder Alarmruf.

Nachwuchs Ein Junges wird irgendwann im Jahr nach einer Tragzeit von etwa 3 Monaten geboren, selten zwei.

Burger Cillié

♂

♀

Niel Cillié

Rotducker

Gewicht ♂ 10–14 kg.
♀ 11–14 kg.

Hornlänge
± 6 cm.
Rekord 11,43 cm.

Nahrung Blätter, Früchte, junge Triebe.

Lebenserwartung
± 12 Jahre.

Feinde Leopard, Löwe, Karakal, Python.

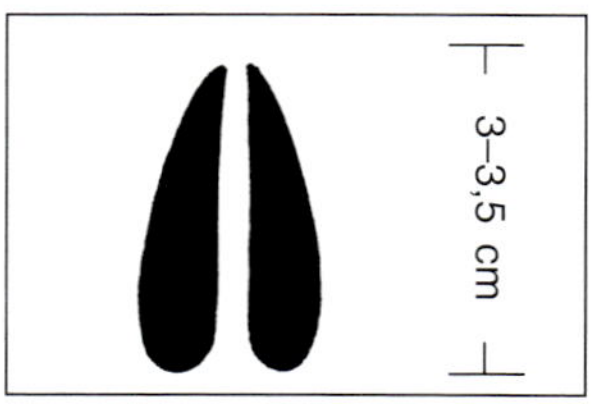

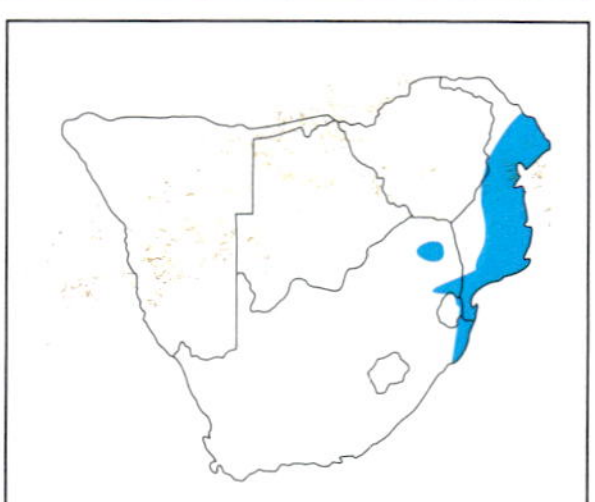

Red Duiker
Cephalophus natalensis

Beschreibung Farbe kastanien- bis rötlichbraun mit hellerem Bauch. Zwischen den Hörnchen wächst ein dunkler Haarbüschel. Kehle und innere Ohren sind weiß. Ohren kurz und gerundet mit schwarzem Rand. Schwanz wird dunkler zur Spitze hin, die ist aber weiß. Beide Geschlechter tragen kurze, gerade Hörner, die schräg nach hinten liegen.

Geschlechtsunterschied Hörnchen der Weibchen dünner.

Habitat Feuchter Busch an Flußufern, Bergwälder, mit Büschen bestandene Schluchten und Küstenbusch mit reichlich Wasser.

Gewohnheiten Meist Einzelgänger, manchmal paarweise oder in kleinen Gruppen. Scheu, hauptsächlich nachtaktiv, bisweilen an kühleren Tagen zu sehen. Mögen gerne eßbare Früchte, die Affen aus den Bäumen fallen lassen. Bei Gefahr suchen sie Deckung im dichten Busch. Rotducker benutzen gemeinschaftliche Kotstellen.

Lautäußerungen Lauter "Tschi-tschi"-Pfiff bei Alarm und pfiffähnlicher Schrei.

Nachwuchs Ein Junges wird irgendwann im Jahr geboren; die Tragzeit ist unbekannt.

Burger Cilliè

♀

♂

Burger Cilliè

Blauducker

Blue Duiker
Philantomba monticola

Gewicht ♂ 3,8–5,5 kg.
♀ 4,6–7,3 kg.

Hornlänge
± 3 cm.
Rekord 7,30 cm.

Nahrung Blätter, aber auch Früchte und junge Zweige.

Lebenserwartung
± 7 Jahre.

Feinde Leopard, Python.

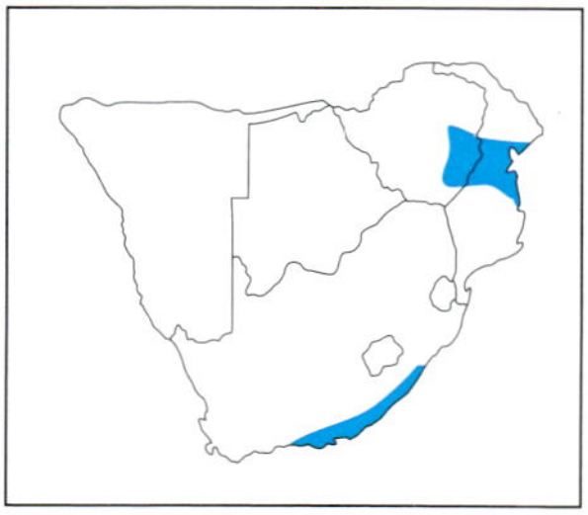

Beschreibung Der Blauducker ist unsere kleinste Antilope. Seine Färbung variiert zwischen dunklem, rötlichem Braun und dunklem Graubraun und ist auf dem Rücken dunkler mit einem bläulichen Glanz. Kehle, Hals und Bauch sind heller. Auf den Backen und teilweise um die Augen ist das Fell hellbraun, und zwei schwarze Streifen laufen unterhalb der Augen zur Nase. Die untere Seite und der Rand des Schwanzes sind weiß. Beide Geschlechter haben kurze, gerade Hörnchen, die schräg nach hinten liegen.

Geschlechtsunterschied Männchen etwas kleiner als Weibchen.

Habitat Begrenzt auf Busch, Dickicht und dicht bewachsene Küstengebiete.

Gewohnheiten Blauducker leben meist allein, selten paarweise. Sehr scheu und suchen bei geringster Störung Schutz im dichten Unterholz. Äsen frühmorgens, spätnachmittags und auch nachts. Nachts kommen sie heraus auf die offenen en Flächen. Tagsüber sind sie sehr wachsam und nähern sich offenen Plätzen im Busch mit großer Vorsicht.

Lautäußerungen Scharfer Alarmpfiff.

Nachwuchs Ein Junges wird irgendwann im Jahr nach einer Tragzeit von etwa 4 Monaten geboren.

Nigel Dennis/Gallo

♂

♀

Burger Cillié

Blessbock

Blesbok
Damaliscus pygargus phillipsi

Gewicht ♂ ± 70 kg.
♀ ± 61 kg.

Hornlänge
± 38 cm.
Rekord 52,39 cm.

Nahrung Ausschließlich Gras.

Lebenserwartung
± 11 Jahre.

Feind Gepard.

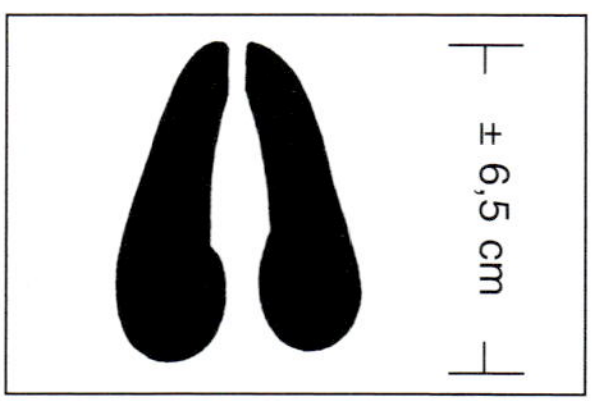

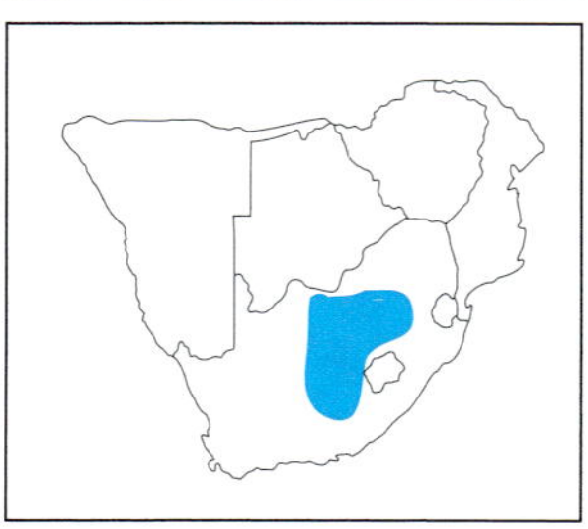

Beschreibung Hals und Oberrücken braun, weiter unten dunkler. Bauch und Innenseite der Keulen bis zur Schwanzwurzel sind weiß. Die große weiße Gesichtsblesse und die kleine Blesse zwischen den Augen sind meist durch braunen Streifen getrennt. Lämmer sind hellbraun. Beide Geschlechter tragen Hörner. Blessböcke haben weniger weiße Stellen auf dem Körper als Buntböcke, besonders fehlt der große weiße Spiegel um die Schwanzwurzel, und die Beine sind außen braun.

Geschlechtsunterschied Weibchen leichter, mit dünneren Hörnern als Böcke.

Habitat Offene Grasebenen des südafrikanischen Hochlandes.

Gewohnheiten Blessböcke bilden Herden, die aus weiblichen Tieren, Kälbern und jungen Böcken bestehen. Ausgewachsene Böcke sind Einzelgänger und territorial. Zur Paarungszeit halten sich die Böcke eine Herde Weibchen in ihrem Territorium. Während dieser Zeit finden heftige Kämpfe zwischen Böcken statt. Manchmal liegt ein Bock auf einem Kothügel in seinem Gebiet. Nach der Paarungszeit entspannen sich die territorialen Verhältnisse. Hauptaktivität frühmorgens und spätnachmittags. Blessböcke haben die Angewohnheit, in Reihen hintereinander umherzuziehen.

Lautäußerungen Schnauben und Grunzen.

Nachwuchs Ein Lamm wird zwischen November und Januar nach einer Tragzeit von etwa 8 Monaten geboren.

Burger Cillié

♂

♀

Heindrich van der Berg

Buntbock

Bontebok
Damaliscus pygargus dorcas

Gewicht ♂ ± 64 kg.
♀ ± 59 kg.

Hornlänge
± 38 cm.
Rekord 42,55 cm.

Nahrung Ausschließlich Gras.

Lebenserwartung
± 11 Jahre.

Feind Leopard.

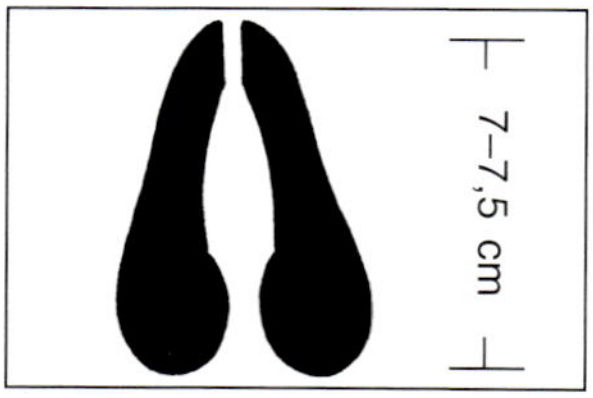

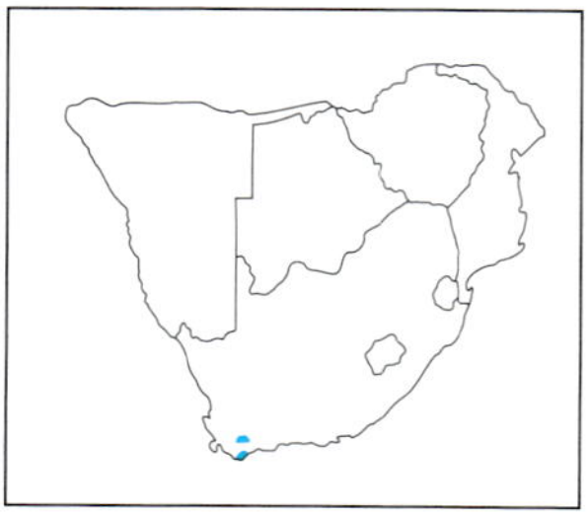

Beschreibung Ein farbenprächtiges Tier, hauptsächlich braun, an manchen Stellen dunkelbraun bis schwarz mit einem violetten Glanz. Die unteren Beine, der Bauch, die inneren Keulen, sowie das Fell um die Schwanzwurzel sind weiß. Die kleine weiße Blesse über den Augen und die große unter den Augen laufen meist ineinander. Beide Geschlechter tragen Hörner. Vom Blessbock unterscheidet sich der Buntbock durch ein mehr weißgeflecktes Fell, besonders auf der Kruppe.

Geschlechtsunterschied Weibchen sind etwas kleiner als Böcke und haben dünnere Hörner.

Habitat Offene Grasflächen zwischen dichten Sträuchern mit ausreichend Wasser.

Gewohnheiten Buntböcke bilden geschlechtlich getrennte Herden. Manche Böcke sind territoriale Einzelgänger. Kommt eine weibliche Herde zur Paarungszeit in ihr Territorium, werden diese weiblichen Tiere umworben. Böcke gebrauchen gerne denselben Kothaufen und liegen manchmal darauf. Geäst wird frühmorgens und spätmittags. Eine ehemals bedrohte Art, deren Erhalt Dank des "Bontebok Nationalparks" in der Nähe von Swellendams gesichert ist.

Lautäußerungen Schnauben und Grunzen.

Nachwuchs Ein Kalb wird zwischen September und November nach einer Tragzeit von etwa 8 Monaten geboren.

♂

Burger Cilliè

♀

Ulrich Oberprieler

Gewicht ♂ 140 kg.
♀ 126 kg.

Hornlänge
± 34 cm.
Rekord 46,99 cm.

Nahrung Vorwiegend Gräser, von Wasser abhängig.

Lebenserwartung
± 15 Jahre.

Feinde Tüpfelhyäne, Gepard, Leopard, Löwe, Afr. Wildhund.

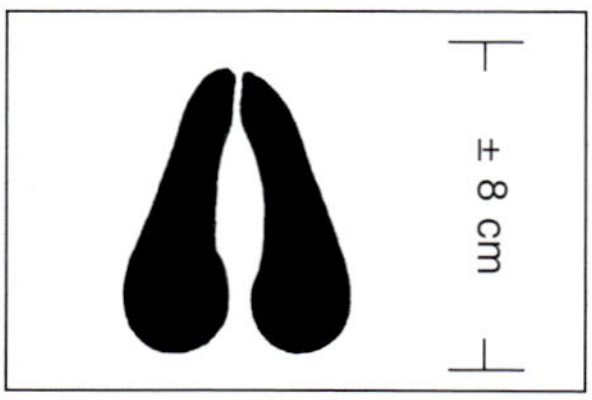

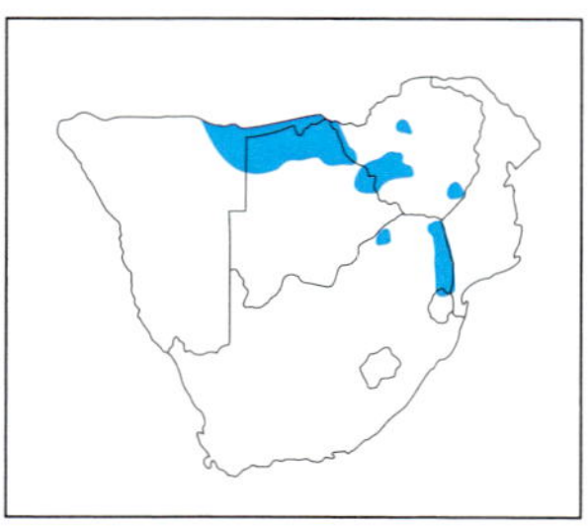

Halbmondantilope

Tsessebe
Damaliscus lunatus

Beschreibung Von dunklem, rötlichem Braun mit metallischem Glanz. Die Blesse von der Stirn bis zur Nase, und die Beine vom Knie bzw. Ellbogen abwärts bis zu den Sprunggelenken sind schwarz. Von dort bis zu den Hufen sind sie hellbraun. Die stark abfallende Rückenlinie und der Höcker sind charakteristisch. Beide Geschlechter gehörnt. Zu unterscheiden von der Roten Kuhantilope durch die weniger rötliche Farbe und kürzeren, weiter auseinanderstehenden Hörner und von Lichtensteins Kuhantilope durch die schwarze Blesse und die schwarzen Fellpartien an den Beinen.

Geschlechtsunterschied Kühe kleiner als Bullen.

Habitat Offenes Buschfeld und Grassflächen in offener Baumsavanne mit längerem Gras und ausreichend Wasser.

Gewohnheiten Herdentier, bildet kleine Trupps, die entweder aus Weibchen mit Jungen, mit oder ohne Bullen, oder aus Junggesellentrupps bestehen. Im Winter schließen sich mehrere Trupps zusammen. Sie sind sehr neugierig und halten nach kurzer Flucht an, um sich umzusehen. Halbmondantilopen sind als die schnellsten Antilopen dieser Region bekannt. Sie lieben es, mit den Hörnern den Boden zu forkeln, um ihr Territorium zu markieren, besonders nach einem Regenguß. Gesellen sich oft zu Zebras und Streifengnus.

Lautäußerungen Schnauben und Grunzen.

Nachwuchs Ein Kalb wird zwischen September und November nach einer Tragzeit von etwa 8 Monaten geboren.

Auch Leierantilope.

Keith Begg/Gallo

Burger Cillié

Gewicht ♂ 137–180 kg.
♀ 105–136 kg.

Hornlänge
± 52 cm.
Rekord 74,93 cm.

Nahrung Ausschließlich Gras. Können lange ohne Wasser auskommen.

Lebenserwartung
± 13 Jahre.

Feinde Tüpfelhyäne, Löwe, Leopard, Afr. Wildhund.

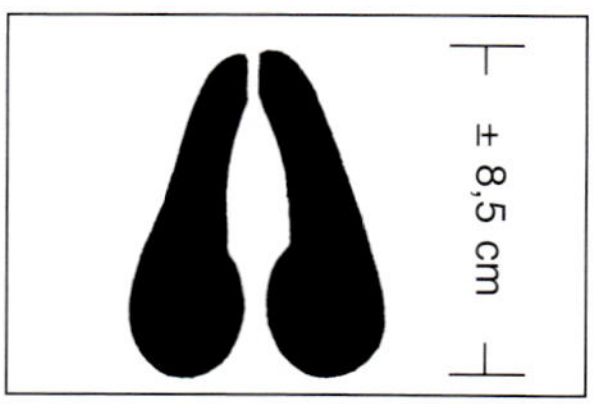

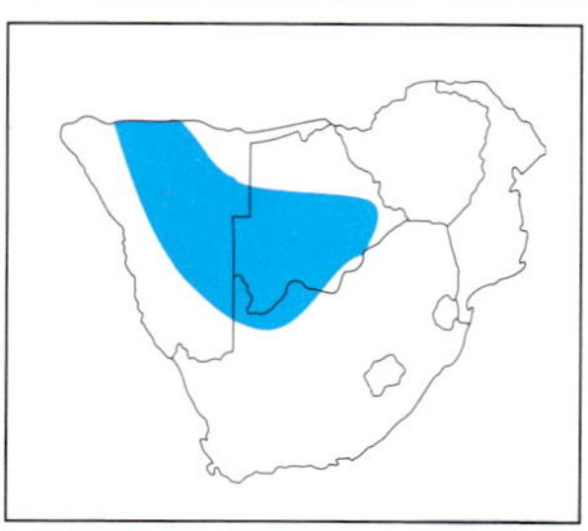

Rote Kuhantilope

Red Hartebeest
Alcelaphus buselaphus

Beschreibung Diese Kuhantilope hat seltsam geformte Hörner und ein langes Gesicht. Färbung: ein glänzendes rötliches Braun. Die Stirn- und Gesichtsblesse, Schwanz und Außenseite der Beine sind schwarz, während die Hinterseite der Keulen hellbraun sind. Vom hohen Widerrist mit kleinem Höcker ist die Rückenlinie abfallend. Beide Geschlechter tragen Hörner. Unterscheidet sich von Lichtenstein-Kuhantilope durch seine rötlichbraune Färbung, das schwarze Gesicht und die schwarzen Beine. Die Hörner sind halbmondförmig.

Geschlechtsunterschied Kühe kleiner als Bullen.

Habitat Lichtungen oder Grassteppe in Trockensavanne und halb-trockenen Gebieten.

Gewohnheiten Rote Kuhantilopen leben in Herden von 10–20 Tieren, doch in manchen Fällen auch mehreren hundert Tieren. Alte Bullen sind Einzelgänger oder schließen sich zu Junggesellenherden zusammen. Kuh- und Jungtierherden werden von einem dominanten Bullen geführt. Geäst wird meist frühmorgens und spätnachmittags. Gut entwickelter Geruchs – und Gehörsinn, aber Sehvermögen schwach. Sie laufen sehr schnell in graziösem Galopp. Von Natur aus neugierig. Laufen oft eine kurze Strecke, bleiben dann stehen, um sich umzuschauen und kehren sogar manchmal um.

Lautäußerungen Ein warnendes Prusten.

Nachwuchs Ein Kalb wird zwischen Oktober und Dezember nach einer Tragzeit von etwa 8 Monaten geboren.

Auch Kap-Hartebeest, Kuhantilope.

Burger Cillié

♂

♀

Burger Cillié

Gewicht ♂ 157–204 kg.
♀ 160–181 kg.

Hornlänge
± 52 cm.
Rekord 61,91 cm.

Nahrung Gras, bevorzugt frisches Gras und Blätter. Trinken regelmäßig.

Lebenserwartung
Unbekannt.

Feinde Tüpfelhyäne, Löwe, Leopard, Afr. Wildhund.

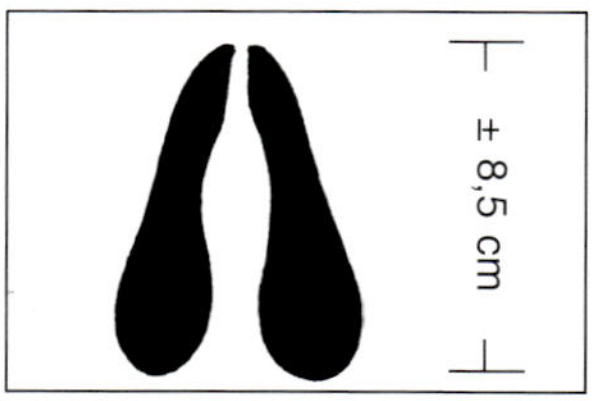

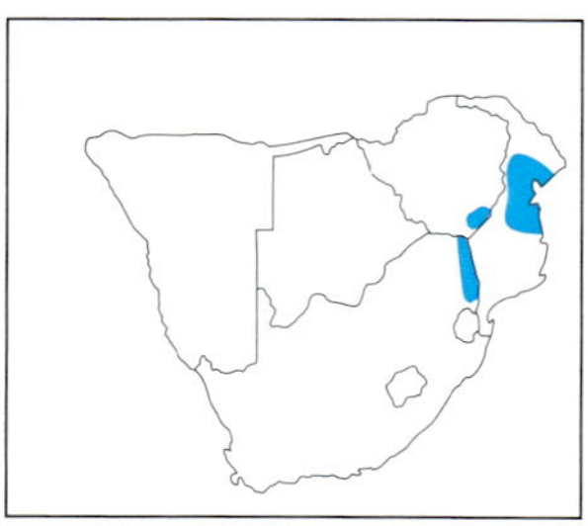

Lichtenstein-Kuhantilope

Lichtenstein's Hartebeest
Alcelaphus lichtensteinii

Beschreibung Die Färbung ist ein fahles Gelbbraun oder Kastanienbraun. An den Hinterkeulen ein heller Fleck. Die Schwanzquaste und die Schienbeine sind schwarz. Kuhantilopen haben manchmal einen dunklen Fleck hinter der Schulter, weil sie sich mit den Hörnern und dem Kopf gern dort reiben, nachdem sie auf einer Brandfläche gegrast oder mit den Hörnern im Boden gewühlt haben. Kuhantilopen haben einen stark entwickelten Widerrist, und beide Geschlechter tragen Hörner. Von der Roten Kuhantilope unterscheidet sie sich durch die hellere Färbung, die fehlende schwarze Blesse und durch die kürzeren Hörner, die am Ansatz weifer auseinander stehen.

Geschlechtsunterschied Kühe etwas kleiner als Bullen.

Habitat Sumpfgebiete, trockene Flutebenen und baumbestandene Gebiete mit genügend Wasser.

Gewohnheiten Herden von 3–15 Tieren mit einem territorialen Bullen, Kühen und Jungtieren. Andere Bullen bilden Junggesellenherden oder sind Einzelgänger. Sie rasten während der heißen Tageszeit und äsen, wenn es kühler wird. Haben gutes Sehvermögen, jedoch einen schwachen Geruchssinn. Bullen nehmen Beobachtungsposten an Termitenhügeln ein, wo sie einen guten Überblick haben, aber auch selbst eine Zielscheibe bieten. Seit 1985 wieder im Krüger Nationalpark angesiedelt.

Lautäußerungen Brüllen oder nießendes Schnauben.

Nachwuchs Ein Kalb wird zwischen Juni und September nach einer Tragzeit von etwa 8 Monaten geboren.

Burger Cilliié

♂

♀

Burger Cillié

Weißschwanzgnu

Black Wildebeest
Connochaetes gnou

Gewicht ♂ ± 180 kg.
♀ ± 140 kg.

Hornlänge
± 52 cm.
Rekord 74,61 cm.

Nahrung Vorwiegend Gras und bisweilen Karoobusch.

Lebenserwartung
± 20 Jahre.

Feinde Keine.

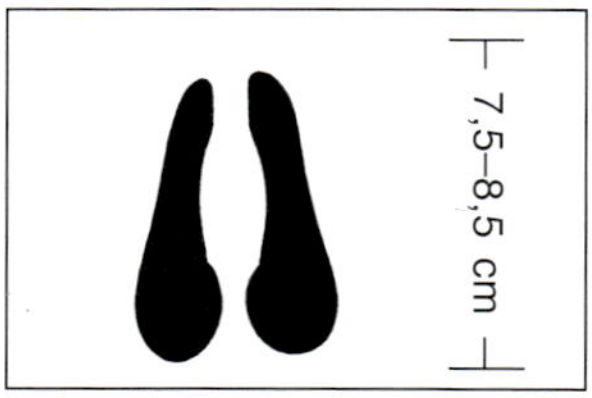

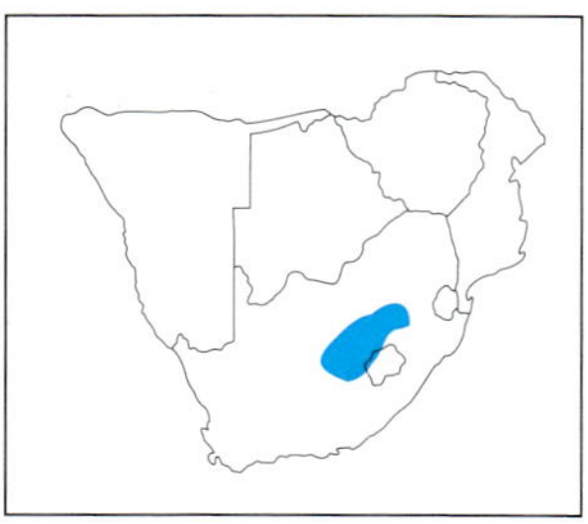

Beschreibung Rinderähnliches Tier mit ungewöhnlichen Hörnern, einem Bart und einer Bürste auf der Nase. Farbe dunkelbraun mit fast weißem, haarigem, langem Schwanz. Kälber sind hellbraun. Sehr hoher Widerrist, dadurch wirkt die Rückenlinie abfallend. Beide Geschlechter tragen Hörner. Unterscheidungsmerkmale zum Streifengnu sind der weiße Schwanz, geringere Größe und die typische, nach vorne gerichtete Hornform.

Geschlechtsunterschied Kühe kleiner als Bullen.

Habitat Offenes Grasland mit genügend Wasser.

Gewohnheiten Kommen nur im südlichen Afrika vor. Bilden Herden von 6–50 Tieren, entweder Kühe mit Kälbern oder Junggesellenherden. Äsen frühmorgens und spätnachmittags. Wenn es kalt ist, äsen sie während des ganzen Tages. Bisweilen "knieen" sie auf den Vorderläufen beim Fressen. Rasten während der heißen Tageszeit. Bullen sind während der Paarungszeit sehr aggressiv beim Verteidigen ihrer Gebiete, aber ernsthafte Kämpfe kommen selten vor. Weißschwanzgnus gesellen sich oft zu anderen Tieren.

Lautäußerungen Lautes, schnaubendes Brüllen.

Nachwuchs Ein Kalb wird im November oder Dezember nach einer Tragzeit von etwa 8½ Monaten geboren.

HPH Photography

Burger Cillié

Gewicht ♂ 230–270 kg.
♀ 160–200 kg.

Hornlänge
± 60 cm.
Rekord 86,04 cm.

Nahrung Gras.

Lebenserwartung
± 20 Jahre.

Feinde Tüpfelhyäne, Gepard, Leopard, Löwe, Afrikanischer Wildhund.

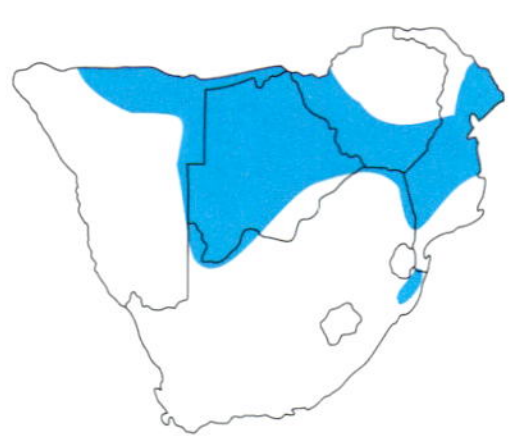

Streifengnu

Blue Wildebeest
Connochaetes taurinus

Beschreibung Die Färbung dieses rinderähnlichen Tieres ist dunkles Graubraun mit noch dunkleren vertikalen Streifen am Hals und an den Flanken. Mähne, Bart und langer, pferdeähnlicher Schwanz sind schwarz. Kälber hell rötlichbraun mit kurzen aufrechten Hörnern. Beide Geschlechter tragen Hörner, die seitlich auf- und einwärts gebogen sind. Das Streifengnu ist größer als das Weißschwanzgnu und kommt nicht in den Grassteppen des Hochlands vor.

Geschlechtsunterschied Kühe wesentlich leichter als Bullen.

Habitat Offene Buschsavanne mit viel Gras und genügend Wasser.

Gewohnheiten Das Streifengnu ist ein tagaktives Herdentier. Herden bestehen aus 20–30 oder mehr Tieren, vorwiegend Kühe mit Kälbern, geführt vom Herdenbullen. Junggesellenherden kommen ebenfalls vor. Äsen wenn es kühl ist und ruhen zur warmen Tageszeit; ständig unterwegs auf Suche nach guter Weide. Gesellen sich gerne zu Steppenzebras, die das lange Gras fressen, das die Streifengnus nicht mögen. Zur Paarungszeit besetzen Bullen ihr markiertes Territorium. Für sie ist typisch, daß sie die Köpfe schütteln, die Schwänze schlagen, eine kurze Strecke laufen und dann stehen bleiben, um zurück zu schauen.

Lautäußerungen Schnauben und Brüllen. Kälber meckern oder geben einen "Hann"-Ton von sich.

Nachwuchs Ein Kalb, manchmal zwei, wird zwischen November und Februar nach einer Tragzeit von etwa 8½ Monaten geboren.

Auch Blaugnu.

Burger Cillié

♂

♀

Burger Cillié

Gewicht ♂ 750–820 kg.
♀ 680–750 kg.

Hornlänge
± 100 cm.
Rekord 162,56 cm.

Nahrung Vorwiegend Gras, auch Triebe und Blätter.

Lebenserwartung
± 23 Jahre.

Feind Löwe.

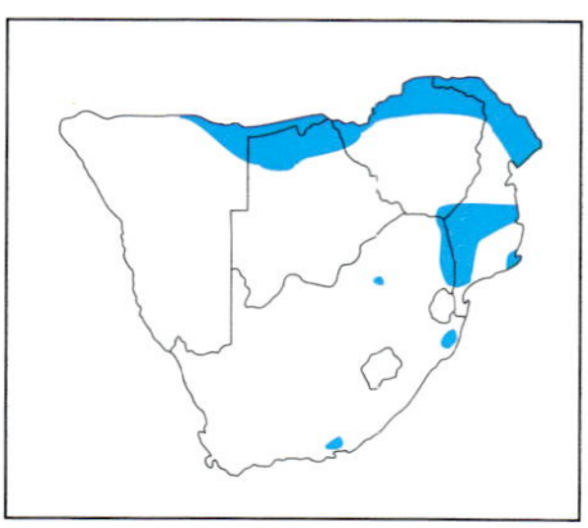

Afrikanischer Büffel

African Buffalo
Syncerus caffer

Beschreibung Großes rinderähnliches Tier. Jungtiere sind rotbraun, werden im Laufe der Jahre dunkler bis schwarzgrau. Bei alten Kühen bleibt bisweilen ein rotbrauner Schimmer zurück. Afrikanische Büffel wälzen sich gerne im Schlamm und nehmen daher oft die Bodenfarbe der Umgebung an. Beide Geschlechter tragen Hörner; die der Bullen sind wesentlich größer, mit breiten Verknorpelungen auf der Stirn, die sich im Alter schließen und einen Wulst bilden.

Geschlechtsunterschied Bullen sind körperlich größer und schwerer als Kühe und haben größere Hörner.

Habitat Baumsavanne mit genügend Gras und Schatten in Wassernähe.

Gewohnheiten Bilden Büffelherden bis zu mehreren hundert Tieren. Alte Bullen laufen allein oder bilden Bullenherden. Sie grasen nachts und in den kühleren Tagesstunden und ziehen es vor, an offenen Stellen zu schlafen. Hervorragender Geruchssinn, Seh- und Hörvermögen weniger gut entwickelt. Diese neugierigen Tiere sind normalerweise friedlich, können jedoch sehr aggressiv werden und zählen zu den gefährlichsten Tieren, wenn sie angeschossen sind. Sie lauern dem Jäger auf und greifen an. Büffel gelten daher als gefährliches Wild.

Lautäußerungen Brüllen wie Rinder.

Nachwuchs Ein Kalb wird zwischen August und Februar nach einer Tragzeit von etwa 11 Monaten geboren.

Burger Cillié

♂

♀

Duncan Butchart/African Images

Steppenzebra

Plains Zebra
Equus quagga

Gewicht ♂ 290–340 kg.
♀ 290–325 kg.

Nahrung Gras und gelegentlich Blätter.

Lebenserwartung
± 35 Jahre.

Feinde Tüpfelhyäne, Löwe, Gepard.

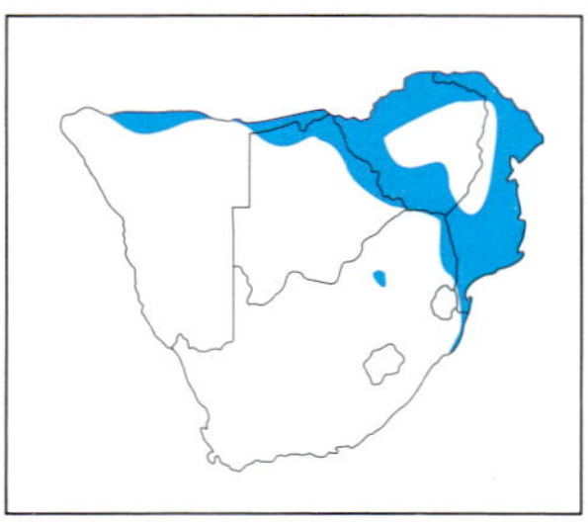

Beschreibung Das Steppenzebra gehört jetzt der gleichen Gattung an, wie das ausgestorbene Quagga, was wohl bedeutet, daß das Quagga nie wirklich ausgestorben war und daß das Burchell-Zebra jetzt als Quagga gilt! Pferdeähnlich mit weißer Grundfärbung und schwarzen Streifen, die mit helleren Schattenstreifen abwechseln. Das Streifenmuster ist bei jedem Tier individuell verschieden. Die Streifen werden zu den Hufen hin heller bzw. laufen aus. Im Unterschied zu den Bergzebras sind diese Zebras auch auf der Bauchseite gestreift, sie haben keine Halswamme, eine längere Mähne und kleinere Ohren.

Geschlechtsunterschied Hengste meist schwerer als Stuten.

Habitat Offene Grassavanne mit genügend Wasser.

Gewohnheiten Steppenzebras bilden Familienverbände von 4–9 Tieren, bestehend aus einem Hengst, einigen Stuten und Jungtieren. Der Hengst verteidigt seine Herde gegen Rivalen und Raubtiere durch Treten und Beißen. Auf die gleiche Weise beschützt die Stute ihr Jungtier. Als tagaktive Tiere bewegen sie sich über große Entfernungen zur Nahrungssuche. Ihre Sinne sind gut entwickelt, und sie lieben Staubbäder. Man findet Zebras oft in Gesellschaft von Streifengnus.

Lautäußerungen Ein wiederholtes "Kua-ha-ha" Wiehern, gefolgt von einem Pfeifton beim Einsaugen der Luft.

Nachwuchs Ein Fohlen wird irgendwann im Jahr (doch vor allem im Sommer) nach einer Tragzeit von etwa 12½ Monaten geboren.

Burger Cillié

Beth Peterson/African Images

Gewicht ♂ 250–260 kg.
♀ 204–257 kg.

Nahrung Gras und gelegentlich Blätter.

Lebenserwartung ± 35 Jahre.

Feinde Keine.

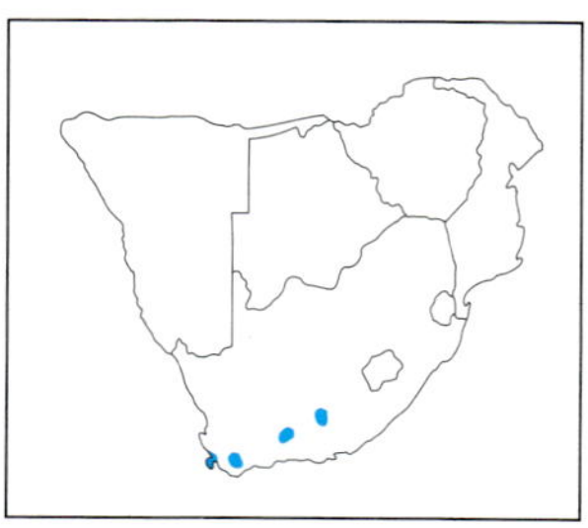

Kap-Bergzebra

Cape Mountain Zebra
Equus zebra zebra

EN

Beschreibung Körper weiß mit schwarzen Streifen. Diese Streifen enden in einer parallelen Linie weit unten an den Flanken, das Bauchfell bleibt weiß. Streifen gehen deutlich an den Beinen herunter bis zu den Hufen. Gleich über den schwarzen Nüstern ist eine rostbraune Schattierung. Eine weiße Wamme am Hals, der weiße Bauch und die vollständig gestreiften Beine charakterisieren dieses Zebra. Dagegen hat das Burchell-oder Steppenzebra oft Schattenstreifen. Das Hartmann-Bergzebra ist schwerer gebaut, und die Streifen auf den Keulen sind schmaler als die des Kap-Bergzebras.

Geschlechtsunterschied Hengste meist größer als Stuten.

Habitat Bergiges Gebiet mit Wasser und Weide.

Gewohnheiten Gesellige Tiere. Herden bestehen aus einem Hengst, Stuten und Jungtieren. Andere Hengste sind Einzelgänger oder bilden Junggesellenherden. Familienmitglieder bleiben meist ihr Leben lang bei einer Herde. Sie sind frühmorgens und spätnachittags aktiv, während der übrigen Zeit ruhen sie, nicht unbedingt im Schatten. Sie lieben Staubbäder. Fordert ein junger Hengst den Herdenhengst heraus, kommt es zu heftigen Kämpfen, bei denen sich die Gegner beißen und treten.

Lautäußerungen Schnauben oder schriller Alarmruf bei Gefahr.

Nachwuchs Ein Fohlen wird irgendwann im Jahr nach einer Tragzeit von etwa 12 Monaten geboren.

Niel Cillié

♂

♀

Burger Cillié

Gewicht ♂ 270–330 kg.
♀ 250–300 kg.

Nahrung Gräser, Blätter, Baum- und Strauchknospen.

Lebenserwartung
± 35 Jahre.

Feinde Tüpfelhyäne, Löwe, Gepard.

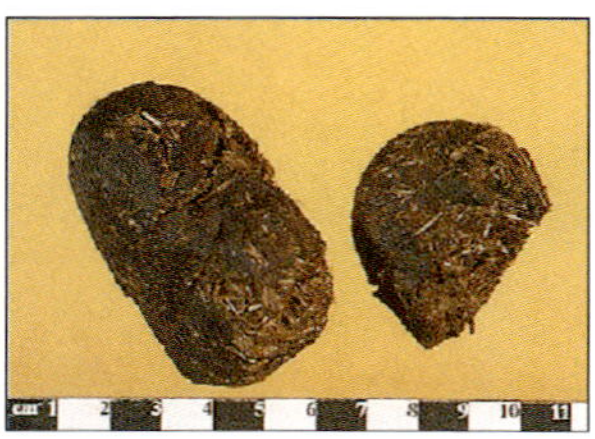

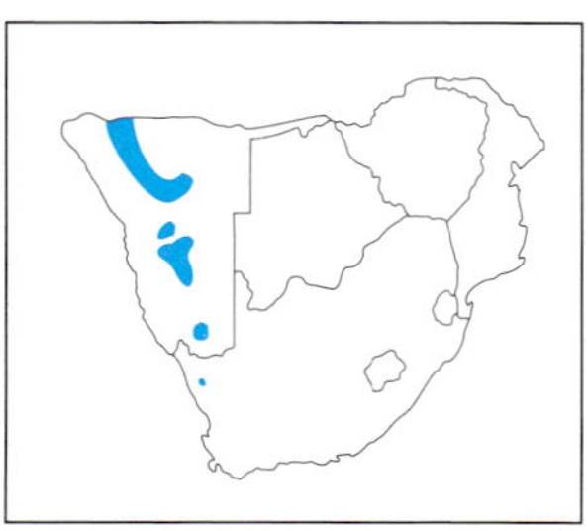

Hartmann-Bergzebra

Hartmann's Mountain Zebra
Equus zebra hartmannae **EN**

Beschreibung Die schwarzen Streifen dieser pferdeartigen Tiere fallen als Kontrast zum gelbweißen Hintergrund auf. Die Streifen laufen deutlich an den Beinen herunter bis zu den Hufen. Sehr typisch ist die Wamme und die rostbraune Schattierung direkt über den Nüstern. Vom Steppenzebra unterscheiden sie sich, weil sie keine schwächer getönten Zwischenstreifen haben, wohl aber die Wamme und den weißen Bauch. Sie sind größer als das Kap-Bergzebra und gewöhnlich sind die Streifen auf den Beinen etwas schmaler.

Geschlechtsunterschied Hengste etwas schwerer als Stuten.

Habitat Steinige und bergige Gegenden mit genügend Gras und Wasser.

Gewohnheiten Diese Bergzebras leben in kleinen Gruppen, die normalerweise aus einem Hengst mit seiner Familie bestehen. Andere Gruppen bestehen nur aus Hengsten. Sie sind sehr an die Gruppe gebunden und bleiben gewöhnlich ihr ganzes Leben in ihrem Gruppenverband. Sie weiden während der kühlen Tageszeiten und ruhen über Mittag im Schatten. Hartmann-Bergzebras genießen Staubbäder. Gelegentlich kämpfen Hengste untereinander, beißen und schlagen wild aus.

Lautäußerungen Schnauben und schriller Warnruf.

Nachwuchs Ein Fohlen wird irgendwann im Jahr (vor allem im Sommer) nach einer Tragzeit von etwa 12 Monaten geboren.

Koos Delport

Koos Delport

Gewicht ♂ 60–100 kg.
♀ 45–70 kg.

Zahnlänge
± 20 cm.
Rekord 60,96 cm.

Nahrung Gras, Fallobst, z.B. Marulas, graben nach Wurzeln.

Lebenserwartung
± 20 Jahre.

Feinde Löwe, Gepard, Afrikanischer Wildhund.

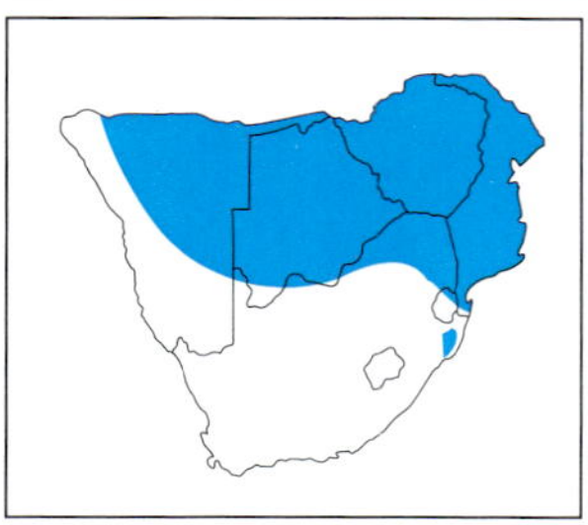

Warzenschwein

Common Warthog
Phacochoerus africanus

Beschreibung Warzenschweine haben ausgeprägte weiße Barthaare und Warzen seitlich am Kopf. Der graue Körper ist spärlich mit langem Haar bedeckt und die dunkle Borstenmähne weist hellere Spitzen auf. Der Schwanz endet in einer kleinen schwarzen Quaste. Warzenschweine haben große Hauer, die seitlich über der breiten Schnauze in einem Bogen herauswachsen. Vom Buschschwein ist es durch die breitere Schnauze, lange gebogene Hauer, ausgeprägte Warzen und graue Färbung zu unterscheiden. Buschschweine sieht man viel seltener als Warzenschweine.

Geschlechtsunterschied Männchen oder Keiler wesentlich stärker als Weibchen oder Bachen. Keiler haben 2 Paar Warzen und größere Hauer als die Bachen, die nur ein Paar Warzen und kleinere Hauer besitzen.

Habitat Savanne mit Lichtungen um Pfannen und Wasserlöcher.

Gewohnheiten Warzenschweine sind Tagtiere und bilden Familien bzw. Junggesellentrupps von 4–10 Tieren; bisweilen Einzelgänger; leben in alten Erdferkelbauen, in die sie sich rückwärts einschieben und die sie vorwärts verlassen; können sich gegen Wildhunde und Geparden verteidigen, nicht jedoch gegen Löwen; graben gerne und suhlen oft, laufen typischerweise mit hoch erhobenem Schwanz, ähnlich einer Antenne. Äsen und graben auf den Vorderbeinen kniend.

Lautäußerungen Knurren, Grunzen und Schnauben.

Nachwuchs Ein bis acht Junge (Frischlinge) werden zwischen September und Dezember nach einer Tragzeit von etwa 5½ Monaten geboren.

Burger Cillié

♂

♀

Burger Cillié

Gewicht ♂ 46–82 kg.
♀ 48–66 kg.

Zahnlänge
± 11 cm.
Rekord 30,16 cm.

Nahrung Graben nach Wurzelstöcken von Gräsern und anderem. Allesfresser.

Lebenserwartung
± 20 Jahre.

Feind Leopard.

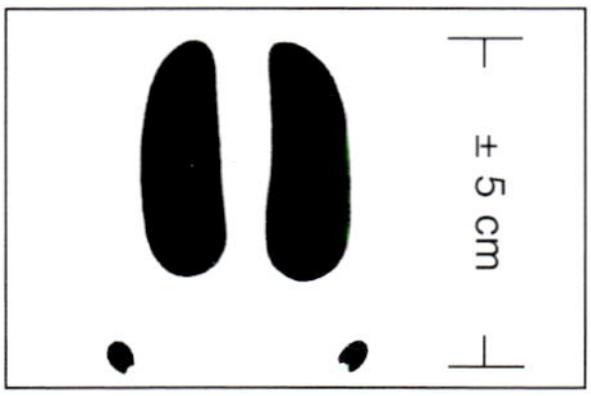

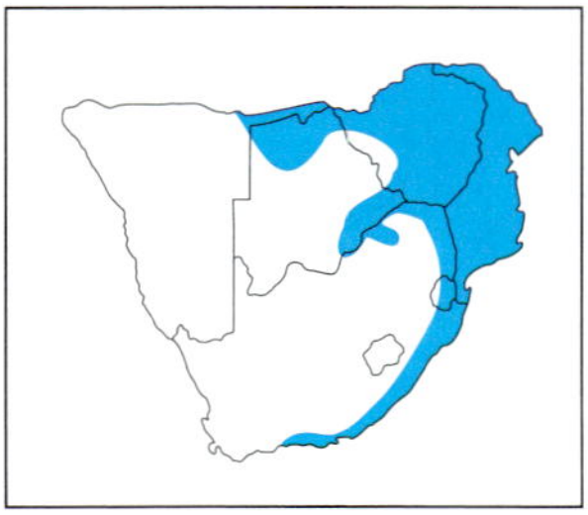

Buschschwein

Bushpig
Potamochoerus larvatus

Beschreibung Schweine mit dichten Borsten, dem Hausschwein ähnlich. Grau bis dunkelbraun, im Alter nachdunkelnd. Die hellere Rückenmähne wird bei Erregung gesträubt. Auch die obere Gesichtshälfte ist heller und weist bei Keilern große Warzen auf. Beine und Körper sind im unteren Teil schwarz. Die Ohrspitzen haben helle Haarpinsel. Nicht sehr lang aber messerscharf sind die Hauer. Frischlinge (Junge) werden mit deutlichen weißen Längstreifen geboren. Die dichte braune Behaarung, die zugespitzten Pinselohren und die keilförmige Schnauze unterscheiden das Buschschwein vom Warzenschwein.

Geschlechtsunterschied Keiler schwerer als Bachen.

Habitat Bevorzugen Dickicht, Unterholz entlang Flußufern, und Riedgras.

Gewohnheiten Buschschweine bilden Rotten (Gruppen) von 6–12 Tieren, mit jeweils einer dominanten Bache und einem dominanten Keiler, weiteren Bachen und Jungtieren. Nachtaktiv, selten am Tage zu sehen, und ruhen im Dickicht. Kleine Rotten mit Frischlingen können aggressiv sein. Verwundete Buschschweine sind gefährlich. Sind gute Schwimmer, suhlen gerne, wie alle Schweine, und graben im Boden nach Nahrung.

Lautäußerungen Alarmruf langes, resonantes Grunzen; grunzen leise beim Asen.

Nachwuchs Drei bis acht Junge (Frischlinge) werden zwischen November und Januar nach einer Tragzeit von 4 Monaten geboren.

Auch Pinselohrschwein, Flußschwein.

Warwick Tarboton/Gallo

♂

♀

Anthony Bannister/Gallo

Giraffe

Gewicht ♂ 970–1 395 kg.
♀ 700–950 kg.

Nahrung Vorwiegend Blätter und auch Gras.

Lebenserwartung
± 28 Jahre.

Feinde Tüpfelhyäne, Gepard, Leopard, Löwe.

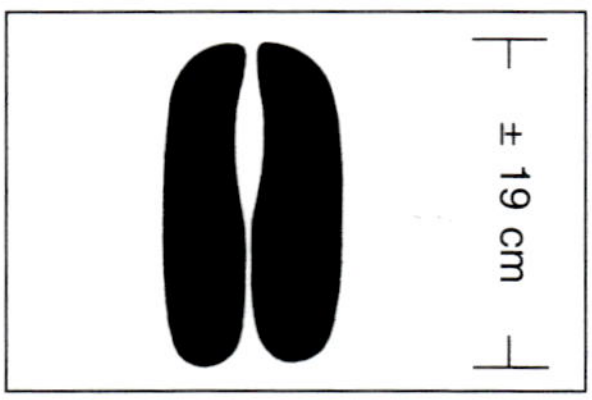

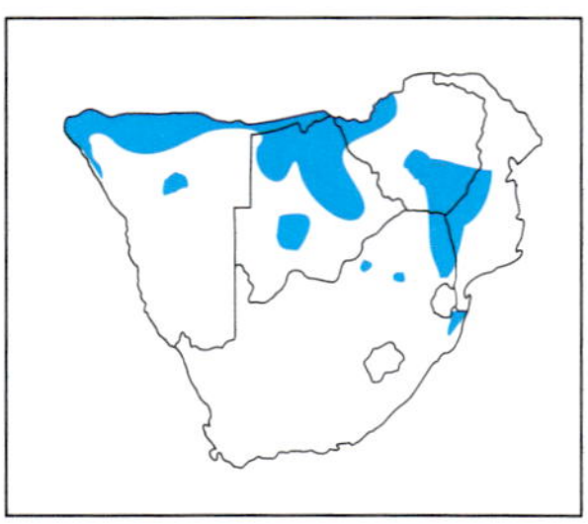

Giraffe
Giraffa camelopardalis

Beschreibung Der sehr lange Hals und die langen Beine sind das Kennzeichen der Giraffe – der Hals hat 7 Wirbel, genau wie beim Menschen. Die Grundfarbe ist ein gelbliches Weiß, bedeckt mit hellbraunen Flecken, die mit zunehmendem Alter nachdunkeln. Giraffen tragen 2 kurze Höcker, die oben mit schwarzem Haar bedeckt sind. Die obere Gesichtshälfte ist nicht gefleckt. Sie haben eine Halsmähne aus kurzem, borstigem Haar.

Geschlechtsunterschied Kühe meist leichter als Bullen.

Habitat Offene Baumsavanne bis Busch – und Trockensavanne. Verschiedene Dornbäume sind Voraussetzung.

Gewohnheiten Giraffen sind tagaktive Tiere, die Herden mit einer relativ lockeren Struktur bilden. Einzelne wechseln häufig und nach Belieben die Herde. Bullen meist Einzelgänger. Ruhen während der heißen Tageszeit. Bewegung im Paßgang. Obwohl sie schwerfällig wirken, galloppieren sie erstaunlich schnell. Kühe verteidigen oft erfolgreich ihre Kälber gegen Löwen, mit Tritten der Hinter – und Vorderläufe, die tödlich sein könnern. Untereinander kämpfen Giraffen, indem sie mit Hälsen und Köpfen gegeneinander schlagen.

Lautäußerungen Meist still, doch Schnauben od. Grunzen bei Alarm.

Nachwuchs Ein Kalb wird irgendwann im Jahr nach einer Tragzeit von etwa 15 Monaten geboren.

Burger Cillié

♂

♀ + ♀

Burger Cillié

Oben – Spitzmaulnashorn (Ulrich Oberprieler), rechts – Elefantenauge (Eric Reisinger)

Sehr große Säugetiere

Sehr große

Pflanzenfresser mit

gräulicher Haut

ohne Fell und mit

großen Füßen

Afrikanischer Elefant

African Elephant
Loxodonta africana

EN

Gewicht ♂ 5 500–6 000 kg.
♀ 3 600–4 000 kg.

Stoßzähne
Rekordgewicht 102,7 kg.
Rekordlänge 3,48 m.

Nahrung Gras, Blätter, Baumrinde und Früchte.

Lebenserwartung
± 65 Jahre.

Feind Löwe.

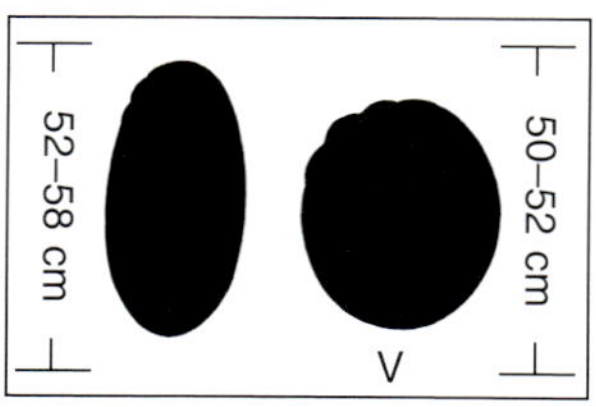

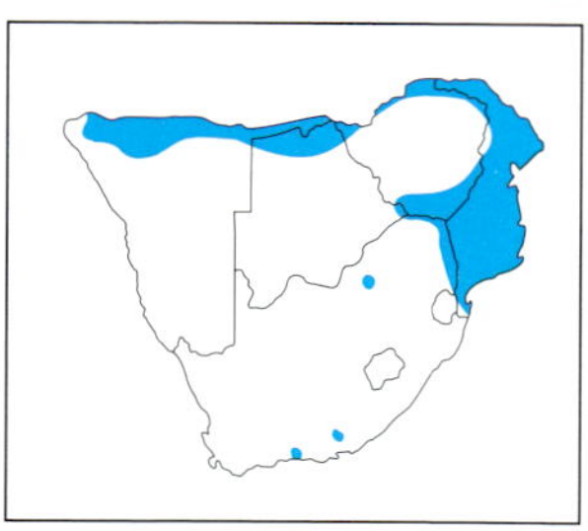

Beschreibung Riesiges, schwer gebautes Tier mit langen stämmigen Beinen und großen Füßen. Die Farbe ist ein bräunliches Grau, oder ähnelt der Bodenfarbe der Umgebung. Die Behaarung ist kurz und unscheinbar, nur das Schwanzende trägt eine langhaarige Quaste. Die grossen, flachen Ohren, der Rüssel und die bisweilen gewaltigen Stoßzähne sind charakteristisch. Der Rüssel dient als Nase, ausserdem als vielseitiger Greifer, der Futter zum Maul befördert, Äste bricht oder Wasser saugt und zur Abkühlung spritzt.

Geschlechtsunterschied Kühe sind kleiner als Bullen und tragen kleinere Stoßzähne.

Habitat Sehr anpassungsfähig, lieben Gegenden mit genügend Gras, Blätterwerk, Zweigen und sauberem Trinkwasser.

Gewohnheiten Elefanten sind Tag- und Nachttiere. Sie bilden Herden von 6–200 Tieren, die von einem weiblichen Tier angeführt werden. Ältere Bullen bilden kleine Junggesellenherden oder werden zu Einzelgängern. Sie legen große Entfernungen bei der Nahrungssuche zurück. Ungestört, sind Elefanten friedlich. Kühe mit Kälbern oder verwundete Tiere können jedoch äußerst gefährlich werden. Am Wasserloch sind Elefanten unduldsam und verjagen oft andere Tiere. Sie schwimmen gut und genießen Schlammbäder oder Suhlen. Während der Geruchssinn hervorragend entwickelt ist, sind Gehör- und Sehvermögen schwach.

Lautäußerungen Sie trompeten, und ihr Magen macht laute Geräusche.

Nachwuchs Ein Kalb wird irgendwann im Jahr nach einer Tragzeit von 22 Monaten geboren, selten zwei.

Burger Cillié

♂

♀

Burger Cillié

Gewicht ♂ 2 000–2 300 kg.
♀ 1 400–1 600 kg.

Hornlänge
± 85 cm.
Weltrekord 158,12 cm.

Nahrung Bevorzugt kurzes Gras.

Lebenserwartung
± 45 Jahre.

Feind Löwe.

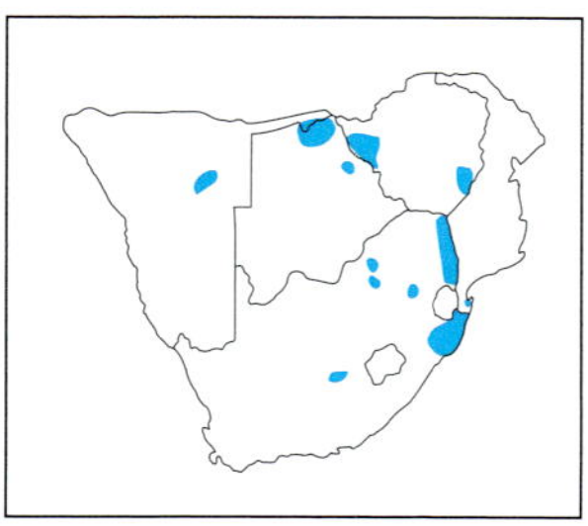

Breitmaulnashorn

White Rhinoceros
Ceratotherium simum **CR**

Beschreibung Die größere der beiden Nashornarten, prähistorisch anmutend mit faßförmigem Körper, langem Kopf mit 2 “Nashörnern”. Die Hörner bestehen aus Haarsubstanz, das vordere Horn ist länger als das hintere. Das breite, eckige Maul ist charakteristisch. Die eigentliche Hautfarbe ist grau, doch Nashörner erscheinen oft in der Bodenfarbe ihrer Umgebung, da sie regelmäßig suhlen. Die Ohren sind spitz. Das Spitzmaulnashorn hat ein spitzeres Maul, ist größer, hat einen Widerrist über den Schultern und trägt seinen Kopf meist tiefer.

Geschlechtsunterschied Kühe leichter als Bullen.

Habitat Offene und buschige Savanne mit Bäumen und Dickicht als Deckung, und genügend Wasser.

Gewohnheiten Leben in kleinen Gruppen, die aus einem Leitbullen, Nebenbullen, Kühen und Kälbern bestehen. Sie wandern nur in der Nähe ihres Territoriums, dass sie mit Losungshaufen und gespritztem Urin markieren. Sie sind sehr gebietsgebunden. Obwohl sie plump erscheinen, können sie sehr schnell laufen. Die Kälber gehen meist vor ihren Müttern. Ihr Sehvermögen ist schlecht, dafür haben sie einen sehr guten Gehör- und Geruchssinn. Wenn es heiß ist, wälzen sie sich gerne im Schlamm. Sie sind nicht so aggressiv wie die Spitzmaulnashörner.

Lautäußerungen Schnauben und Knurren.

Nachwuchs Ein Kalb wird irgendwann im Jahr nach einer Tragzeit van 16 Monaten geboren.

Auch Weißes Nashorn.

Burger Cillié

♂

♀

Duncan Butchart/African Images

Spitzmaulnashorn

Black Rhinoceros
Diceros bicornis

CR

Gewicht ♂ 730–970 kg.
♀ 760–1 000 kg.

Hornlänge
± 78 cm.
Weltrekord 135,89 cm.

Nahrung Blätter, Zweige auch von Dornsträuchern.

Lebenserwartung
± 40 Jahre.

Feind Löwe.

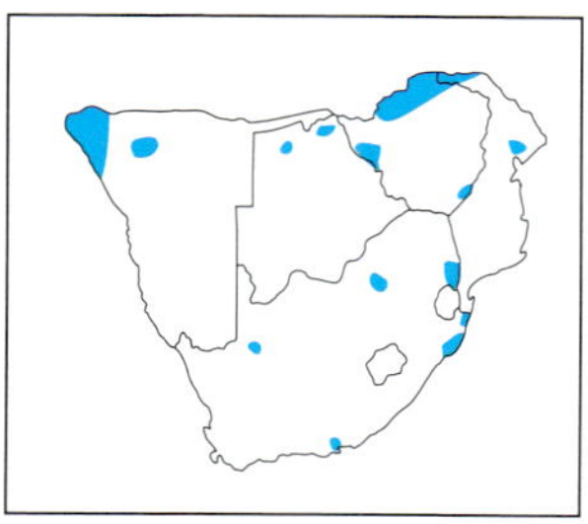

Beschreibung Die kleinere der beiden Nashornarten. Die Oberlippe ist zugespitzt, die Ohren sind kleiner und runder als die des Breitmaulnashorns, die Körperfarbe ist dunkler, der Kopf kürzer und der Widerrist weniger ausgeprägt. Trägt den Kopf etwas höher. Es trägt zwei Hörner auf der Schnauze.

Geschlechtsunterschied Bullen leichter als Kühe.

Habitat Dichte Busch- und Baumsavanne mit viel Wasser.

Gewohnheiten Einzeln, oder Kuh mit Kalb. Kälber gehen meist hinter der Mutter. Sie suhlen regelmäßig und verbringen die warme Tageszeit im Schatten. Während Gehör- und Geruchssinn gut entwickelt sind, ist das Sehvermögen schwach. Sie äsen frühmorgens und spätnachmittags und trinken abends. Spitzmaulnashörner sind unberechenbar und greifen blindlings an, oft nur um festzustellen, ob eine Störung Gefahr birgt. Die Bullen gehen sich aus dem Weg, und wenn sie miteinander kämpfen geht es oft auf Leben und Tod.

Lautäußerungen Wiederholtes Schnauben, auch Knurren und Brüllen.

Nachwuchs Ein Kalb wird irgendwann im Jahr nach einer Tragzeit von etwa 15 Monaten geboren.

Auch Schwarzes Nashorn.

Ulrich Oberprieler

♂

♀

Niel Cillié

Gewicht ♂ 970–2 000 kg.
♀ 995–1 675 kg.

Zahnlänge
± 60 cm.
Rekord 163,83 cm.

Nahrung Gras, bis zu 130 kg pro Nacht.

Lebenserwartung
± 39 Jahre.

Feind Löwe.

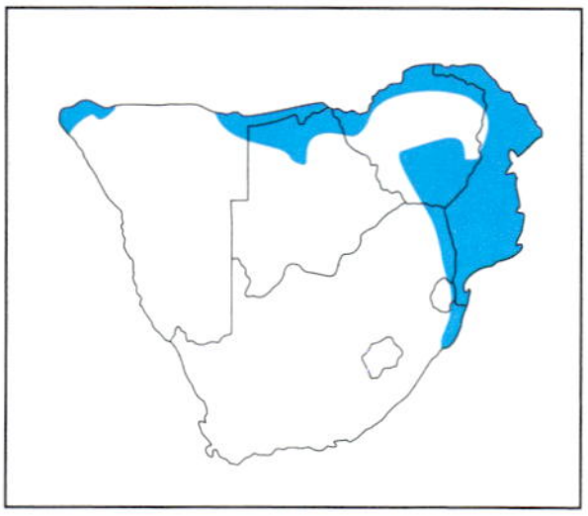

Flusspferd

Hippopotamus
Hippopotamus amphibius

Beschreibung Ein ausgesprochenes Wassertier. Die Farbe ist graubraun, aber Bauch und Hautfalten sind gelblich rosa. Die Haut ist nicht behaart. Beine kurz, Körper kompakt und plump. Sehr großes Maul, Augen befinden sich oben auf dem Kopf, so daß Nilpferde bis auf Nasenlöcher, Augen und Ohren völlig untergetaucht im Wasser liegen können. Die aufrechten Ohren sind klein im Verhältnis zum Körper, der Schwanz ist kurz und abgeflacht.

Geschlechtsunterschied Männchen größer als Weibchen.

Habitat Sandbänke und offenes Dauergewässer, wo sie untertauchen können.

Gewohnheiten Herdenbildung von 6–15 Tieren und einer Leitkuh. Fressen nachts an Land und ruhen tagsüber halb untergetaucht im Wasser oder sonnen sich auf Sandbänken. Am Spätnachmittag verlassen sie das Wasser, um auf Nahrungssuche zu gehen, manchmal mehrere Kilometer vom Wasser entfernt. Sie treten breite Wechsel zu ihren Weideplätzen. Obwohl an sich friedliche Tiere, können sie bei Bedrohung aggressiv und sogar gefährlich werden, dies gilt besonders für Kühe mit Kälbern.

Lautäußerungen Eine Mischung zwischen einem hohen lauten Brüllen und einem Röhren, gefolgt von ± 5 kurzen tieferen Lauten.

Nachwuchs Ein Kalb wird irgendwann im Jahr nach einer Tragzeit von 7½ bis 8½ Monaten geboren.

Auch Nilpferd.

Duncan Butchart/African Images

♂

♀

Burger Cillié

Oben – Leopard (Richard du Toit), rechts – Löwe (Eric Reisinger)

Raubtiere

Katzen und

hundeartige Tiere,

die selbst jagen

oder Aas fressen.

Gewicht ♂ 180–240 kg.
♀ 120–180 kg.

Nahrung Hauptsächlich Huftiere.

Lebenserwartung ± 20 Jahre.

Feind Krokodil.

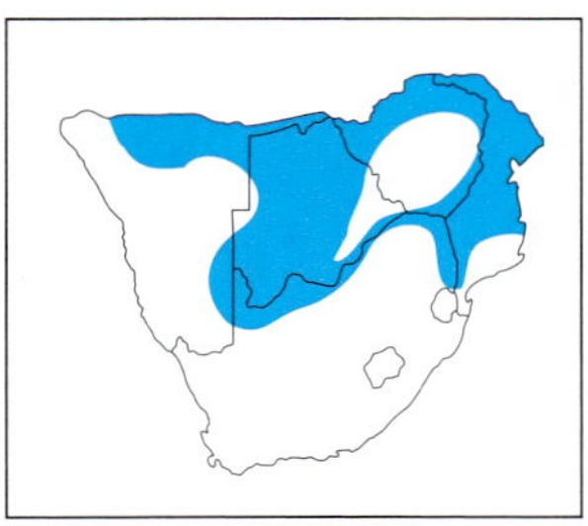

Löwe

Lion
Panthera leo

VU

Beschreibung Diese fahlgelben Tiere sind die größten Katzen Afrikas. Die Jungen haben typische Flecken und Punkte, die beim erwachsenen Tier meist verschwinden. Männliche Löwen entwickeln Mähnen, die farblich von hell bis dunkel variieren. Löwen haben einen weißen Bart und weiße Schnurrbarthaare, der Schwanz endet in einer schwarzen Quaste. Die großen Tatzen haben weiche Ballen und gut entwickelte Krallen.

Geschlechtsunterschied Männliche Tiere haben eine Mähne und sind schwerer als weibliche.

Habitat Sehr anpassungsfähig, halten sich in Gebieten mit reichlich Beute auf.

Gewohnheiten Löwen sind die einzigen Katzen, die kleine Rudel von 3–12 Tieren, seltener bis zu 30 bilden. Rudelzusammensetzung: 1–2 dominierende Männchen, ein dominierendes Weibchen, andere erwachsene und junge Tiere. Meist nachtaktiv, aber durchaus am Tage zu sehen, besonders frühmorgens und abends. Sie schlafen während der warmen Tageszeit und jagen, wenn es kühler wird.

Jagdgewohnheiten Weibchen jagen in Gruppen: sie pirschen sich gegen den Wind so nahe wie möglich an ihre Beute heran und gehen dann zu einem Überraschungsangriff über.

Lautäußerungen Wohlbekanntes "uuuuh-uuumpf", erste Silbe höher als zweite, öfter wiederholt, kürzer und leiser werdend und in ein paar stöhnenden Lauten endend.

Nachwuchs Ein bis vier, selten bis zu sechs, Junge werden irgendwann im Jahr nach einer Tragzeit von etwa 3½ Monaten geboren.

Burger Cillié

♂

♀

Burger Cillié

Leopard

Gewicht ♂ 20–82 kg.
♀ 17–35 kg.

Nahrung Von Kleinsäugern wie Klippschliefern bis zu mittelgroßen Antilopen.

Lebenserwartung
± 20 Jahre.

Feinde Löwe, Krokodil.

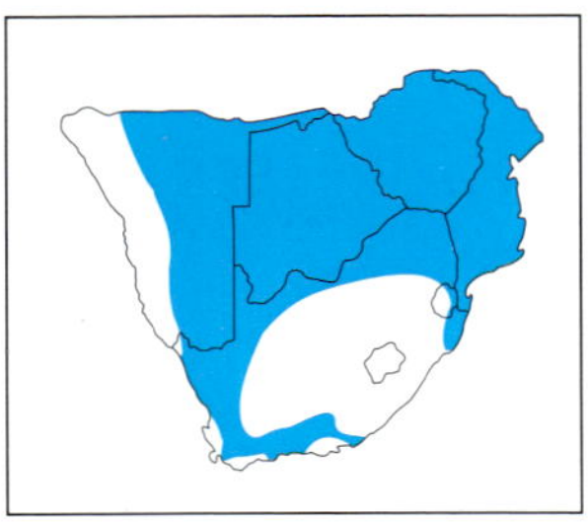

Leopard
Panthera pardus

Beschreibung Leoparden sind weiß bis leuchtend goldbraun mit schwarzen Punkten und Rosetten, die aus 4–6 Punkten in einem engen Kreis angeordnet bestehen. Der Schwanz ist fast genauso lang wie das Tier selbst. Sie haben lange weiße Schnurrbarthaare, in schwarzen Punkten wurzelnd, und kleine runde Ohren. Die Größe der Leoparden variiert sehr. Sie haben kürzere Beine als die Geparden und Rosettenmarkierung; der schwarze Tränenstreifen fehlt im Gesicht.

Geschlechtsunterschied Weibchen kleiner als Männchen.

Habitat Bevorzugen Dickicht, Berghänge, Schluchten an Bächen und Flüssen.

Gewohnheiten Nachtaktiv, öfters auch frühmorgens und spätnachmittags. Einzelgänger, außer zur Paarungszeit. Scheu und listig und können gefährlich werden, wenn sie verwundet sind. Als gute Kletterer sind sie in der Lage, auch große Beutetiere in Bäume hochzutragen. Tagsüber rasten Leoparden meist in dichter Deckung. Ihr Seh-, Riech- und Hörvermögen ist außergewöhnlich gut. Sie sind auch noch außerhalb der Reservate anzutreffen.

Jagdgewohnheiten Leoparden beschleichen ihre Beutetiere und überwältigen sie dann. Sie nutzen jede Deckung aus.

Lautäußerungen Die häufigste Lautäußerung ist ein heiseres Husten, doch andere katzenähnliche Geräusche sind auch bekannt.

Nachwuchs Zwei bis drei (selten bis zu sechs) Junge werden irgendwann im Jahr nach einer Tragzeit von etwa 3 Monaten geboren.

Wim Vorster

Wim Vorster

Gepard

Cheetah
Acinonyx jubatus **VU**

Gewicht ♂ 39–60 kg.
♀ 36–48 kg.

Nahrung Strauße und andere Vögel, kleine bis mittelgroße Antilopen und Warzenschweine.

Lebenserwartung
± 12 Jahre.

Feinde Löwe, Krokodil.

Beschreibung Elegante, schlanke Katzen mit langen Beinen. Außer am weißen Bauch, Kinn und Kehle, ist der Gepard hellgold bis braun mit schwarzen Flecken, die auf der Brust kleiner werden und am Schwanzende Ringe bilden. Die kleinen Ohren sind rund und weit auseinanderstehend. Zum Unterschied vom Leopard hat der Gepard längere Beine, schwarze Flecken und typische "Tränenspuren" im Gesicht.

Geschlechtsunterschied Weibchen etwas leichter als Männchen.

Habitat Offene Buschsavanne und Grassavanne.

Gewohnheiten Geparden leben paarweise, einzeln und in kleinen Rudeln, z.B. Weibchen mit ihren Jungen. Tagaktiv, bevorzugen sie die Stunden während des Sonnenauf- und Sonnenuntergangs und verbringen die heißen Stunden unter einem Baum. Geparden sind die schnellsten Landtiere, mit einer Geschwindigkeit von 100 km/h und mehr über kurze Strecken. Geparden sind selten aggressiv, ohwohl sie sich untereinander bisweilen beißen und kratzen.

Jagdgewohnheiten Jagen meist einzeln, außer bei größerem Wild, und verlassen sich auf ihre Geschwindigkeit.

Lautäußerungen Hohes vogelähnliches Pfeifen.

Nachwuchs Ein bis fünf Junge werden irgendwann im Jahr nach einer Tragzeit von etwa 3 Monaten geboren.

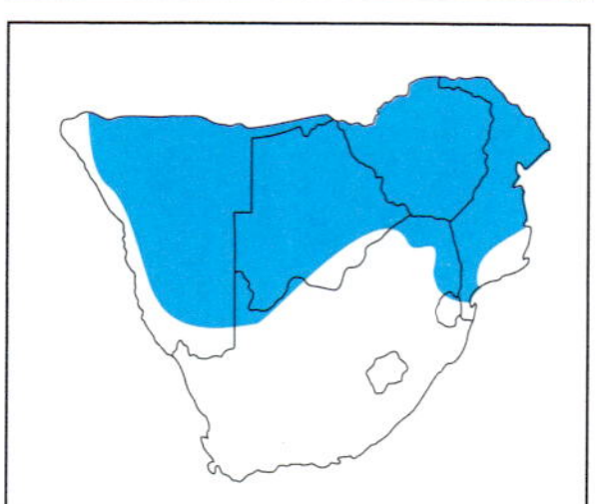

Burger Cillié

Burger Cillié

Gewicht ♂ 8,6–20,0 kg.
♀ 4,2–14,5 kg.

Nahrung Vögel, Kleinsäuger und Reptilien.

Lebenserwartung
± 11 Jahre.

Feinde Löwe, Krokodil.

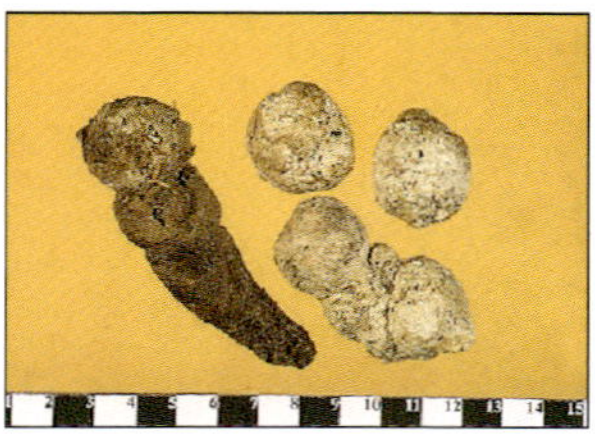

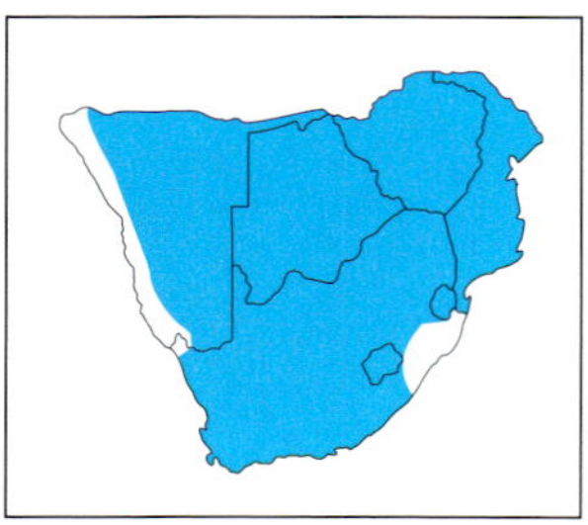

Karakal

Caracal
Caracal caracal

Beschreibung Ein kräftiges Tier mit starken Beinen und bemerkenswert großen, gelblichen Pfoten. Die Farbe ist hellrotbraun bis ziegelsteinrot, bisweilen silbergesprenkelt; Bauch und Brust sind weiß. Dunkle Flecken befinden sich in den vorderen Augenwinkeln, über den Augen und am Schnurrbarthaaransatz. Die Ohren enden in schwarzen Haarpinseln, der Schwanz ist relativ kurz. Größenmäßig variieren sie sehr.

Geschlechtsunterschied Weibchen etwas leichter als Männchen.

Habitat Fast überall anzutreffen, scheinen besonders trockene Baumsavannen oder halbtrockene Gebiete zu mögen.

Gewohnheiten Hauptsächlich nachtaktiv, sind diese Luchse auch frühmorgens und spätnachmittags zu sehen. Als Einzelgänger jagen sie allein. Obwohl sie ausgezeichnet klettern, bewegen sie sich gewöhnlich auf ebener Erde. In der Hitze des Tages wird geruht, und die geringste Deckung bietet dem Karakal auf Grund seiner guten Tarnfarbe Schutz. Kommt noch außerhalb der Schutzgebiete vor.

Lautäußerungen Schnurren und vogelähnliches Zwitschern.

Nachwuchs Zwei bis vier, selten fünf Junge werden zwischen Oktober und März nach einer Tragzeit von etwa 2 Monaten geboren.

Auch Wüstenluchs, Rotkatze.

SA National Parks

Wim Vorster

Serval

Gewicht ♂ 8,6–13,5 kg.
♀ 8,6–11,8 kg.

Nahrung Kleinsäuger wie Hasen, Mäuse, Rohrratten und Vögel.

Lebenserwartung
± 12 Jahre.

Feinde Löwe, Krokodil.

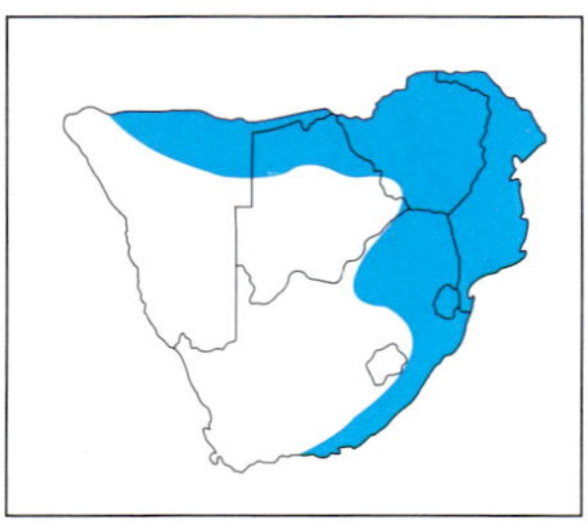

Serval
Leptailurus serval

Beschreibung Servalkatzen sind schlank gebaute Tiere mit langen Beinen, relativ kleinem Kopf und großen Ohren. Die Farbe wechselt zwischen mattem Weiß und hellem Goldgelb mit schwarzen Streifen am Hals und unregelmäßig verteilten schwarzen Punkten am Körper. Der Schwanz ist an der Wurzel gefleckt, wird dann ringförmig gestreift und endet in einer schwarzen Spitze. Das Bauchfell und die Innenseite der Beine sind weiß mit dunklen Flecken. Auf den Ohren sind zwei schwarze Streifen und ein weißer Zwischenstreifen. Servalkatzen können mit jungen Geparden verwechselt werden, doch die Ohren sind eindeutig größer, und es fehlen die schwarzen Tränenstreifen im Gesicht.

Geschlechtsunterschied Weibchen leichter als Männchen.

Habitat Sie bevorzugen dichtes, feuchtes Buschfeld mit genügend Wasser.

Gewohnheiten Meist einzeln, gelegentlich paarweise jagend, auch in sumpfigen Gegenden. Nachtaktiv, aber auch frühmorgens und spätnachmittags zu sehen. Auf kurzen Abstand sind sie sehr schnell. Nachts legen sie weite Strecken zurück auf Suche nach Nahrung und nutzen dabei gerne Pfade und Wege, um schwieriges Terrain zu vermeiden. Gute Kletterer, doch machen sie wenig Gebrauch von dieser Fähigkeit.

Lautäußerungen Folge schriller Rufe an den Partner; in Wut Fauchen, Knurren.

Nachwuchs Ein bis vier Junge werden zwischen September und April nach einer Tragzeit von etwa 2 Monaten geboren.

Wim Vorster

Roger de la Harpe/KZN Parks

Afrikanische Wildkatze

African Wild Cat
Felis silvestris lybica

Gewicht ♂ 3,8–6,4 kg.
♀ 2,6–5,5 kg.

Nahrung Meist Mäuse, aber auch andere Kleinsäuger, Vögel und Insekten.

Lebenserwartung Unbekannt.

Feinde Leopard, Löwe.

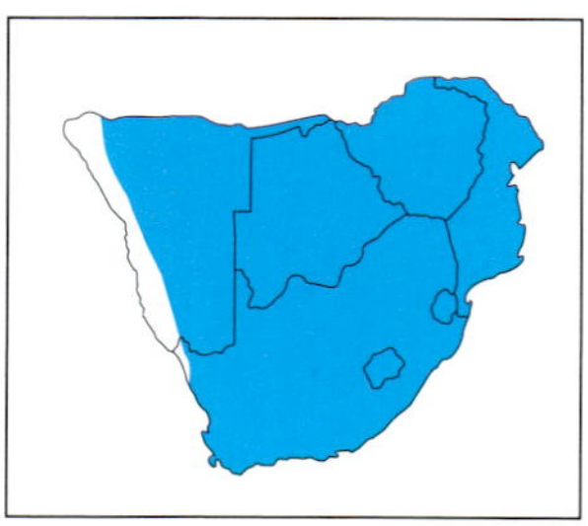

Beschreibung Eine schlanke Katze, ähnlich einer grauen Hauskatze. Farbe wechselt zwischen hell- und dunkelgrau mit rötlichen bis schwarzen Streifen auf den Beinen, die bei manchen Tieren sehr undeutlich sind. Kehle und Bauchfell sind grauweiß mit einem rötlichen Schein. Der Schwanz ist am hinteren Teil ringförmig gestreift und endet in einer schwarzen Spitze. Die Ohrrücken sind rötlich und die Beine länger als die der Hauskatze. Kreuzungen mit Hauskatzen sind häufig, diesen fehlen jedoch meist die roten Ohrrücken.

Geschlechtsunterschied Weibchen leichter als Männchen.

Habitat Kommt überall vor, solange genügend hohes Gras und Felsen als Versteck vorhanden sind.

Gewohnheiten Einzelgänger, außer in der Paarungszeit, wenn sich ein oder mehrere Männchen bei einem Weibchen aufhalten. Meist nachtaktiv, doch gelegentlich während der Dämmerung zu sehen. Sowohl Kater als auch Katzen sind territorial und verteidigen ihre Gebiete. Vorwiegend am Erdboden lebend, sind sie doch gute Kletterer, besonders wenn sie verfolgt werden. Gelegentlich jagen sie auch auf Bäumen. Afrikanische Wildkatzen sind scheue und schlaue Tiere.

Lautäußerungen Winseln, Schnurren und Fauchen.

Nachwuchs Zwei bis fünf Junge werden irgendwann im Jahr (im Norden ihres Verbreitungsgebietes vor allem zwischen September und März) nach einer Tragzeit von etwa 2 Monaten geboren.

Auch Falbkatze.

Burger Cillié

Koos Delport

Schwarzfußkatze

Small Spotted Cat
Felis nigripes

Gewicht ♂ 1,5–1,7 kg.
♀ 1,0–1,4 kg.

Nahrung Mäuse und Spinnen, doch auch Reptilien und Insekten.

Lebenserwartung Unbekannt.

Feinde Leopard, Löwe.

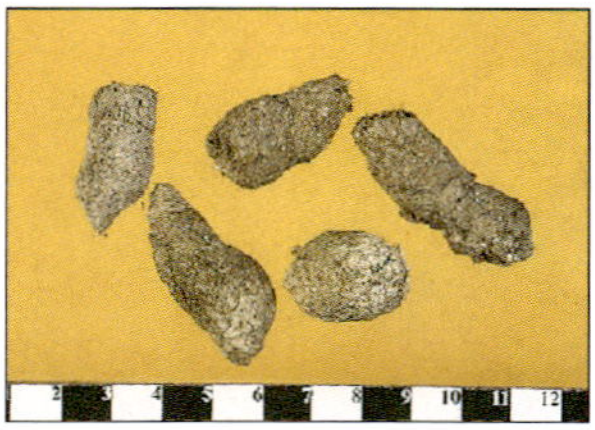

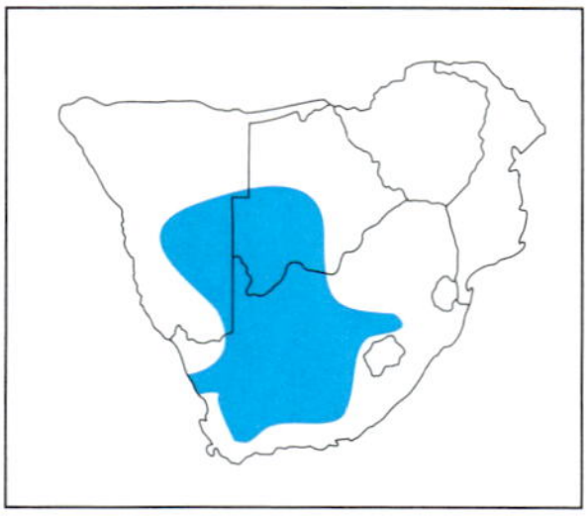

Beschreibung Die kleinste Katze dieser Gegend. Die Färbung wechselt zwischen zimtfarben im Süden und hellgelbbraun im Norden. Dicht gefleckt und etwas gestreift: auf dem Halsrücken sind 4 Längsstreifen, von denen sich die äußeren zwei bis über die Schultern ziehen. Diese Streifen sind oft kleine Strichel oder Punkte. Die Kehle zeigt 3 Bänder. Der Schwanz ist kurz. Im Vergleich zur Afrikanischen Wildkatze viel kleiner und heller gefärbt mit schärfer definierten Punkten und Streifen.

Geschlechtsunterschied Männchen etwas schwerer als Weibchen.

Habitat Trockene offene Gebiete mit hohem Grass und Gebüsch zur Deckung.

Gewohnheiten Sehr scheu und nachtaktiv, erscheinen erst nach Dunkelheit, sehr selten am Tage zu sehen. Gewöhnlich einzeln, selten paarweise. Leben und jagen am Boden, aber können auch gut klettern; in der Kalahari flüchten sie bei Gefahr auf Bäume. Tagsüber schlafen sie in alten Erdferkel-oder Springhasenlöchern, in hohlen Termitenhügeln und unter Gebüsch. Recht aggressiv für ihre Größe und auch nicht so leicht zu zähmen wie die Afrikanische Wildkatze. Kommen noch außerhalb der Naturschutzgebiete vor.

Lautäußerungen Fauchen und Knurren.

Nachwuchs Ein bis drei Junge werden zwischen November und Dezember nach einer Tragzeit von etwa 2 Monaten geboren.

Philip Richardson/Gallo

Willie de Beer/SA National Parks

Tüpfelhyäne

Spotted Hyaena
Crocuta crocuta

Gewicht ♂ 46–79 kg.
♀ 56–80 kg.

Nahrung Aas, Fleisch mit Haut und Knochen.

Lebenserwartung ± 25 Jahre.

Feinde Löwe, Krokodil.

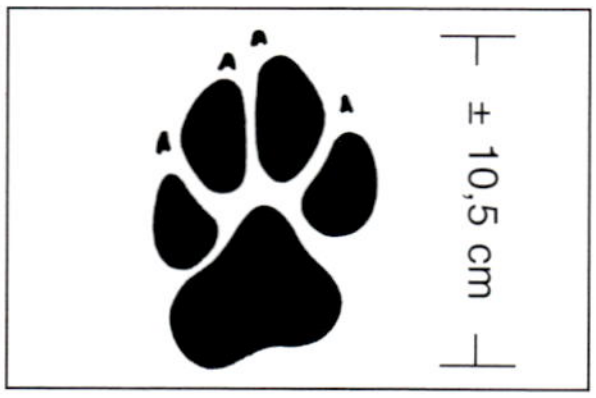

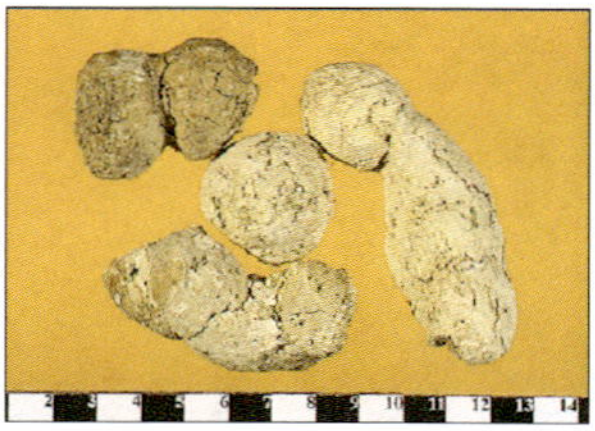

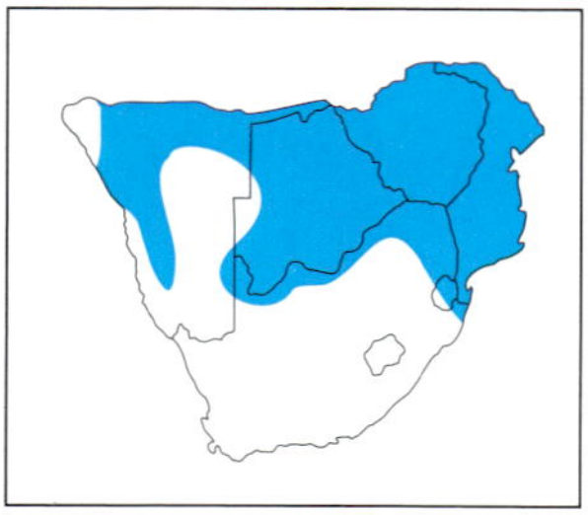

Beschreibung Die Fleckenhyäne ist blaßgelb bis weiß mit unregelmäßigen braunen Flecken, die im Alter meist verblassen. Die Schnauze und unteren Teile der Läufe sind dunkelbraun. Hals und Vorderläufe sind auffallend stark, und die Rückenlinie ist abfallend. Die Vorderpfoten sind größer als die Hinterpfoten. Der Kopf ist groß und ist im Unterschied zur Schabrackenhyäne anders gefleckt, hat runde Ohren und kürzeres Fell. Der Erdwolf ist kleiner und gestreift.

Geschlechtsunterschied Weibchen etwas schwerer als Männchen.

Habitat Offene Gras- und Baumsavanne mit genügend Wild.

Gewohnheiten Tüpfelhyänen leben territorial in Rudeln, die ein dominantes Weibchen anführt. Die Rudel sind meist klein, doch bis zu 12 Tiere wurden schon zusammen gesehen. Man sieht sie auch oft allein oder zu zweit und zu dritt. Hauptsächlich nachtaktiv, sind sie frühmorgens und spätnachmittags unterwegs. Ihr Geruchssinn, sowie ihr Hör- und Sehvermögen, sind gut ausgeprägt. Tüpfelhyänen sind je nach Nahrungsangebot Aasfresser oder aktive Jäger, die ihre Beute bis zur Erschöpfung hetzen. Im Rudel versuchen sie zuweilen, Löwen und Geparden von deren Beute zu verjagen.

Lautäußerungen Eines der charakteristischen afrikanischen Nachtgeräusche: “Huuh-huup”, erstere Silbe tiefer als die zweite. Außerdem furchterregende Schreie und schrilles Gelächter.

Nachwuchs Ein bis vier Junge werden irgendwann im Jahr (vor allem im Februar oder März) nach einer Tragzeit von etwa 3½ Monaten geboren.

Auch Fleckenhyäne.

Richard du Toit

Burger Cillié

Gewicht ♂ 35–57 kg.
♀ 28–48 kg.

Nahrung Größtenteils Aas, doch auch Vögel, Reptilien und kleine Säuger.

Lebenserwartung
± 24 Jahre.

Feinde Leopard, Löwe.

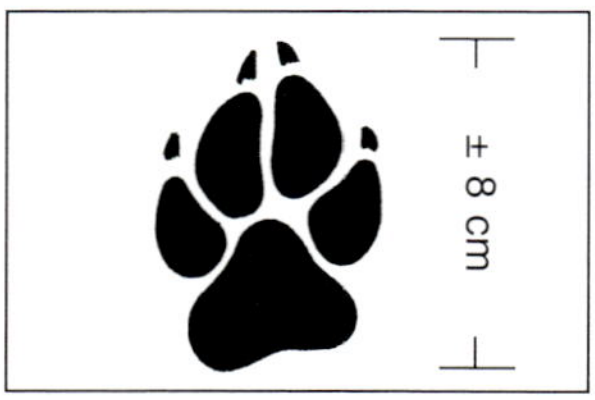

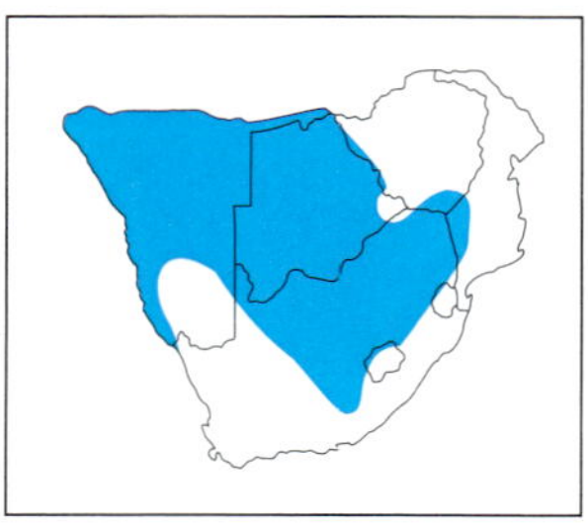

Schabrackenhyäne

Brown Hyaena
Parahyaena brunnea

Beschreibung Die Farbe ist dunkelbraun mit einem gelbbraunen "Umhang" über Hals und Schultern. Gesicht und Bauch sind schmutzig weiß. Die Beine haben hellbraune Ringe. Das Haar ist lang und dicht. Braune Hyänen sind vorne stärker gebaut als hinten, mit einer abfallenden Rückenlinie. Der Kopf ist groß und die Ohren zugespitzt. Die unterscheidenden Merkmale zur Fleckenhyäne sind das lange Fell, spitze Ohren und fehlende Flecken. Sie sind wesentlich größer und dunkler als Erdwölfe.

Geschlechtsunterschied Weibchen kleiner als Männchen.

Habitat Offene trockene Buschsavanne mit Sträuchern und langem Gras als Schutz.

Gewohnheiten Schabrackenhyänen leben in Rudeln, doch manche Rüden sind Einzelgänger. Ihre Nahrungssuche erstreckt sich über weite Gebiete. Es sind scheue, meist nachtaktive Tiere, bisweilen frühmorgens und spätnachmittags zu sehen. Den Tag verbringen sie in dichtem Gebüsch oder in Erdlöchern. Als Aasfresser jagen sie kaum größere Tiere, im Gegensatz zur Tüpfelhyäne. Sie können gut graben und graben ihre eigenen Erdlöcher, oder sie benutzen alte Erdferkelhöhlen. Die Gruppe mistet meist auf einem gemeinschaftlichen Platz.

Lautäußerungen Jaulen, Schreien, Grunzen und Knurren.

Nachwuchs Zwei bis fünf Junge werden zwischen August und November nach einer Tragzeit von etwa 3 Monaten geboren.

Auch Braune Hyäne.

Richard du Toit

Nigel Dennis

Gewicht 7,7–13,6 kg.

Nahrung Größtenteils Termiten und andere Insekten.

Lebenserwartung ± 13 Jahre.

Feinde Leopard, Löwe.

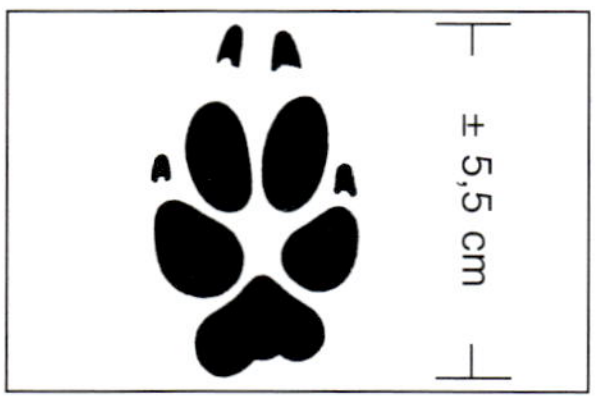

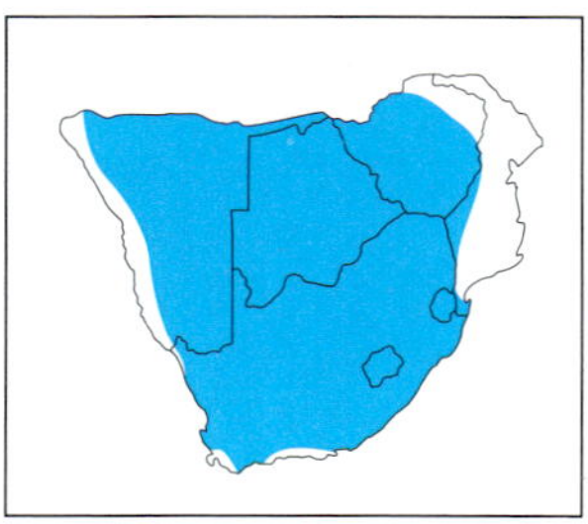

Erdwolf

Aardwolf
Proteles cristatus

Beschreibung Färbung des Körpers gelbbraun bis fahlgelb, mit deutlichen vertikalen Streifen am Körper und an den Beinen. Der Erdwolf hat eine lange Rückenmähne mit schwarzen Spitzen, die sich bei Angst sträubt. Schnauze und die unteren Beine sind schwarz, auch hat er eine schwarze “Brille”. Der Schwanz ist buschig mit schwarzer Wurzel. Ohren aufrecht und spitz. Kleiner als beide hier vorkommenden Hyänenarten, heller als die Schabrackenhyäne und ohne die Flecken der Tüpfelhyäne.

Geschlechtsunterschied Keiner.

Habitat Trockene offene Grassavanne und trockene Moraste.

Gewohnheiten Gewöhnlich Einzelgänger, seltener paarweise und in Familiengruppen. Nachtaktiv, schlafen tagsüber in alten Erdferkelhöhlen oder eigenen Bau. Erdwölfe sind weder Fleisch- noch Aasfresser, sondern ernähren sich fast ausschließlich von Termiten und Insekten. Bisweilen werden sie fälschlich als Hyänen bezeichnet. Sie verfügen über hervorragendes Seh- und Hörvermögen. Zur Verteidigung setzt der Erdwolf gelegentlich seine langen Fangzähne ein, gleichzeitig sträubt er seine Rückenmähne, die ihn viel größer erscheinen lässt, und gibt erstaunlich lautes Gebrüll von sich.

Lautäußerungen Lautes Gebrüll und Knurren, gefolgt von kurzem Gebell.

Nachwuchs Zwei bis vier Junge werden zwischen September und April nach einer Tragzeit von etwa 2 Monaten geboren.

Nigel Dennis

Clem Haagner

Gewicht 20–32 kg.

Nahrung Die meisten Antilopen, besonders Impala, Springbock und Streifengnu.

Lebenserwartung ± 10 Jahre.

Feinde Leopard, Löwe.

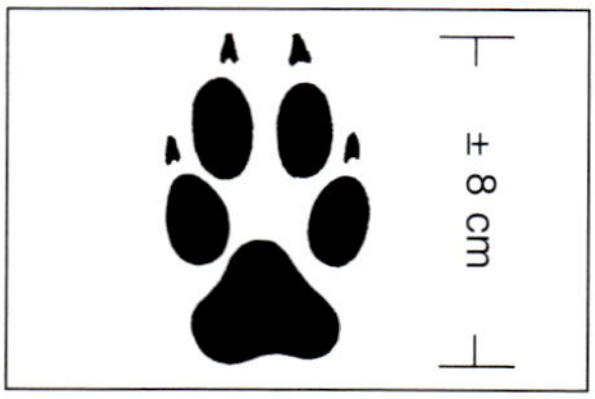

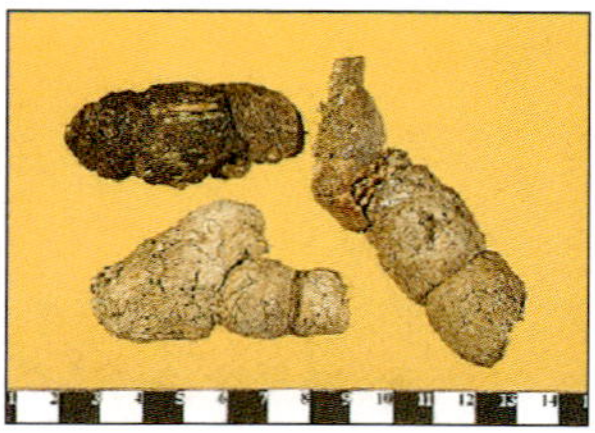

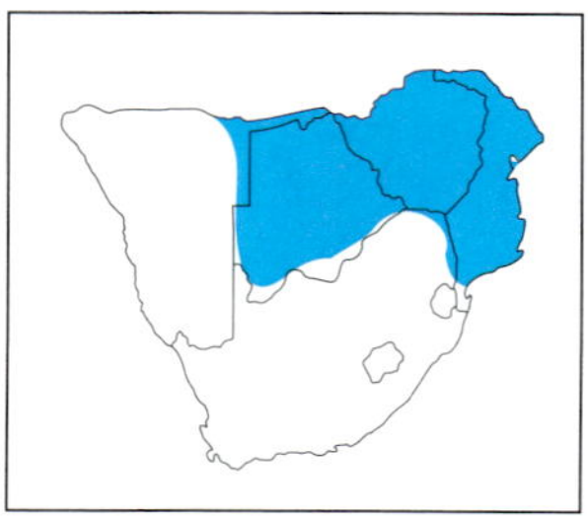

Afrikanischer Wildhund

African Wild Dog
Lycaon pictus

EN

Beschreibung Das Tier hat eine kurze, dunkle Schnauze, große runde Ohren und ziemlich langes Haar. Ein typisches Merkmal ist der lange weiße Schwanz. Die Färbung des Rumpfes und der Beine ist weiß mit gelben, braunen und schwarzen Flecken. Das Farbmuster unterscheidet sich von Tier zu Tier. Die Stirn hat eine hellere Farbe mit einem dunklen Streifen senkrecht durch die Mitte, nach hinten über den Kopf verlaufend.

Geschlechtsunterschied Keiner.

Habitat Offenes Gelände und Lichtungen in der Buschsavanne.

Gewohnheiten Hyänenhunde leben in Rudeln von 10–15 Tieren, die von Männchen oder Weibchen angeführt werden. Rudel von 40 oder mehr Tieren sind jedoch auch bekannt. Sie sind hauptsächlich tagaktiv und bevorzugen den frühen Morgen und späten Nachmittag zur Jagd, die sich über weite Gebiete erstreckt. Es kommt gelegentlich zum Streit um die Beute mit Tüpfelhyänen, die jedoch meist erfolgreich verjagt werden. Die Welpen werden mit ausgewürgter Nahrung gefüttert.

Jagdgewohnheiten Das Sehvermögen ist stärker ausgeprägt als der Geruchssinn. Die Hunde jagen in Meuten, hetzen ihre Beute und reißen sie im Laufen dann förmlich auseinander.

Lautäusserungen Aufgeregtes Kichern, ein bellendes Knurren oder ein "Huu-huuu".

Nachwuchs Sieben bis zehn, selten bis zu neunzehn Junge, werden zwischen März und Juli nach etwa 2½ Monaten Tragzeit geboren.

Auch Hyänenhund.

Dave Hamman/Gallo

Burger Cilliè

Streifenschakal

Side-striped Jackal
Canis adustus

Gewicht ♂ 7,3–12,0 kg.
♀ 7,3–10,0 kg.

Nahrung Aas, Früchte, Hasen, Maulwürfe und Mäuse.

Lebenserwartung
± 11 Jahre.

Feinde Leopard, Löwe.

Beschreibung Die Färbung dieses relativ seltenen Schakals ist grau bzw. graubraun mit einem weißen Seitenstreifen, bisweilen unterlegt mit einem dunkleren Streifen. Die Schnauze ist dunkel, während Bauch, Kehle und die Innenseite der Läufe heller, fast weiß sind. Der Schwanz ist buschig, dunkel mit weißer Spitze. Die Ohren stehen aufrecht und die Ohrspitzen sind leicht abgerundet. Zur Unterscheidung vom Schabrackenschakal achtet man auf den weißen Seitenstreifen und die weiße Schwanzspitze des Streifenschakals im Gegensatz zum schwarzweißen Sattel und der rötlichen Farbe des Schabrackenschakals.

Geschlechtsunterschied Männchen sind etwas schwerer als Weibchen.

Habitat In wasserreichen Gebieten, meidet trockene Landstriche, offene Grasflächen und bergige Gegenden.

Gewohnheiten Streifenschakale sind scheu und selten zu sehen. Gewöhnlich Einzelgänger, jedoch sieht man gelegentlich Paare oder Weibchen mit Jungen. Hauptsächlich nachts und in der Dämmerung aktiv. Tagsüber ruhen sie in alten Erdferkellöchern oder anderen Schlupflöchern. Die gebräuchliche Bewegungsart ist ein langsames Gehen und Traben. Sie sind Aasfresser, aber jagen auch Kleintiere.

Lautäußerungen Reihe kläglicher, bellender Laute.

Nachwuchs Zwei bis sechs Junge werden zwischen August und Januar, nach einer Tragzeit von 2 bis 2½ Monaten, geboren.

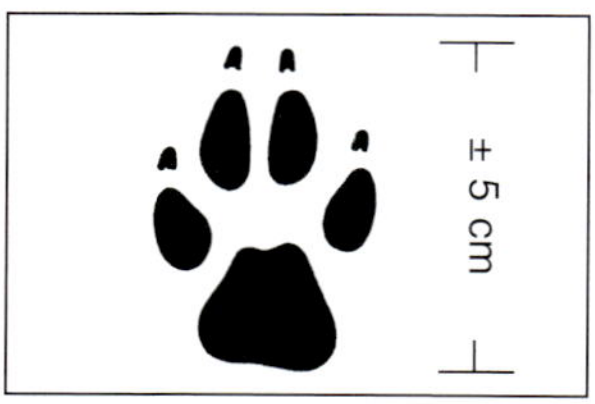

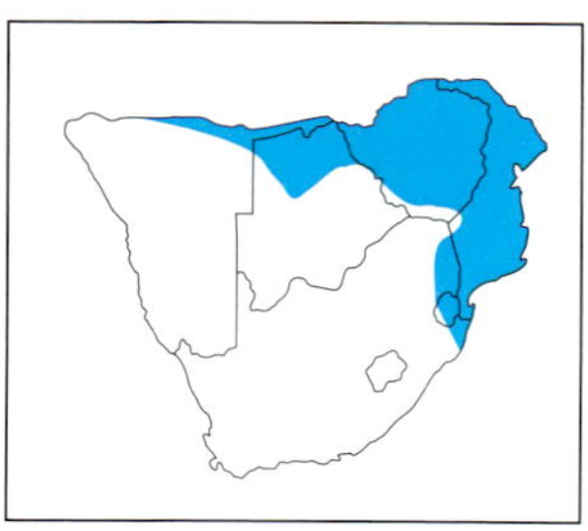

CF Bartlett/Photo Access

Burger Cillié

Schabrackenschakal

Gewicht ♂ 6,8–11,4 kg.
♀ 5,5–10,0 kg.

Nahrung Aas, kleine Säugetiere, Vögel, Insekten und wilde Früchte.

Lebenserwartung
± 13 Jahre.

Feinde Leopard, Löwe.

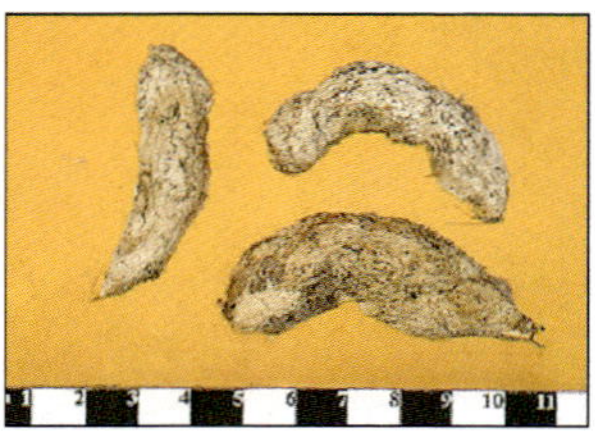

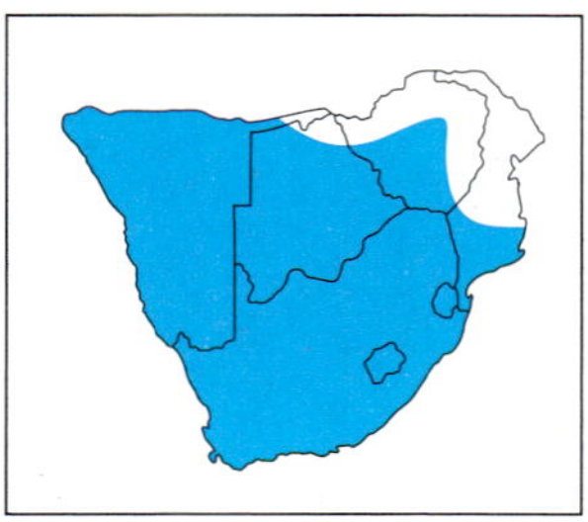

Black-backed Jackal
Canis mesomelas

Beschreibung Färbung des Körpers und der Läufe rot bis orangebraun. Kehle, Bauch und Innenseite der Läufe weißlich. Das kennzeichnende Merkmal ist die schwarze Rückenfärbung, die breit über den Schultern, doch schmaler zum Schwanz hin wird. Der "Sattel" ist schwarz mit silberweißen Haaren gesprenkelt. Die Ohren stehen aufrecht und sind spitzer als die des Streifenschakals. Es fehlen die weiße Schwanzspitze und der Seitenstreifen des Streifenschakals.

Geschlechtsunterschied Männchen etwas stärker als Weibchen.

Habitat Kommen in den meisten Gebieten vor, sogar in sehr trockenen. Vermeiden feuchte Gebiete.

Gewohnheiten Schabrackenschakale jagen meist alleine, leben aber als Paare im eigenen Territorium. Tag- und nachtaktiv; man sieht sie am häufigsten während der Morgen – und Abenddämmerung. Sie sind schlau und scheu und haben einen hervorragenden Geruchssinn. Sie bewegen sich meist in schnellem Trab. Sie sind Aasfresser und jagen kleine Säugetiere und Vögel; sie können lange Zeit ohne Wasser auskommen. Tagsüber ruhen sie in alten Erdferkellöchern oder anderen Schlupfwinkeln. Häufiger anzutreffen als Streifenschakale, kommen auch außerhalb der Naturreservate noch vor.

Lautäusserungen Ein langes, fast unheimliches "nyaaa" und "na-ha-ha-ha".

Nachwuchs Ein bis sechs, selten bis zu neun, Junge werden zwischen Juli und Oktober nach einer Tragzeit von etwa 2 Monaten geboren.

Veronica Roodt

Niel Cillié

Gewicht ♂ 3,4–4,9 kg.
♀ 3,2–5,3 kg.

Nahrung Insekten, Skorpione, Spinnen, Mäuse und Früchte.

Lebenserwartung
± 12 Jahre.

Feinde Schabrackenhyäne, Leopard, Löwe.

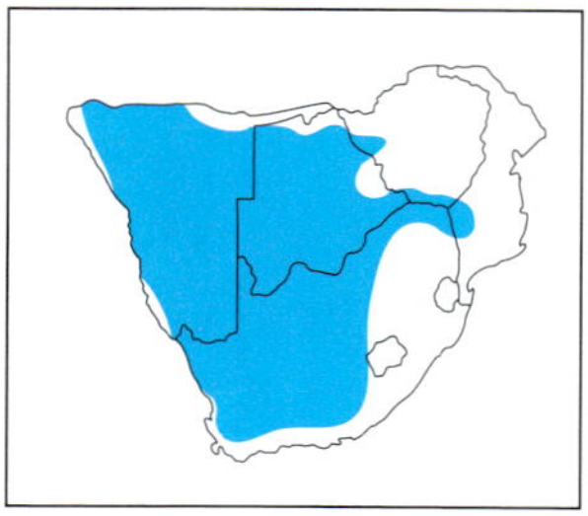

Löffelhund

Bat-eared Fox
Otocyon megalotis

Beschreibung Die Färbung ist ein helles Braungrau, Bauch, Kehle und Stirn sind heller. Ohrenränder und Beine sind schwarz. Das Fell ist dicht und weich. Der buschige schwarze Schwanz und große Ohren sind charakteristisch. Der Löffelhund ist nicht mit Schakalen verwandt und unterscheidet sich vom Kapfuchs durch seine größeren Ohren und das fehlende Silbergrau Fell.

Geschlechtsunterschied Weibchen etwas schwerer als Männchen.

Habitat Offenes Gelände in Trockensavannen und halbtrockenen Gegenden.

Gewohnheiten Löffelhunde trifft man paarweise oder im Familienverband bis zu 6 Tieren an. Sie sind tag- und nachtaktiv; die wärmste Zeit des Tages wird in der Kühle von Erdferkellöchern oder selbstgegrabenen Höhlen verbracht. Sie besitzen einen guten Gehör – und Geruchssinn und mit Hilfe dieses scharfen Gehörs finden sie Insektenlarven auch in der Erde. Obwohl es weithin geglaubt wird, reißen Löffelhunde weder Schafe noch Lämmer.

Lautäußerungen "Hu-hu" Geräusch, oder ein schriller, keckernder Alarmruf der Jungen.

Nachwuchs Zwei bis sechs Junge werden zwischen September und November nach einer Tragzeit von etwa 2 Monaten geboren.

Koos Delport

Richard du Toit

Kapfuchs

Cape Fox
Vulpes chama

Gewicht ♂ ± 2,8 kg.
♀ ± 2,5 kg.

Nahrung Mäuse, Insekten, Reptilien, Spinnen, Vögel.

Lebenserwartung Unbekannt.

Feinde Leopard, Löwe, Python.

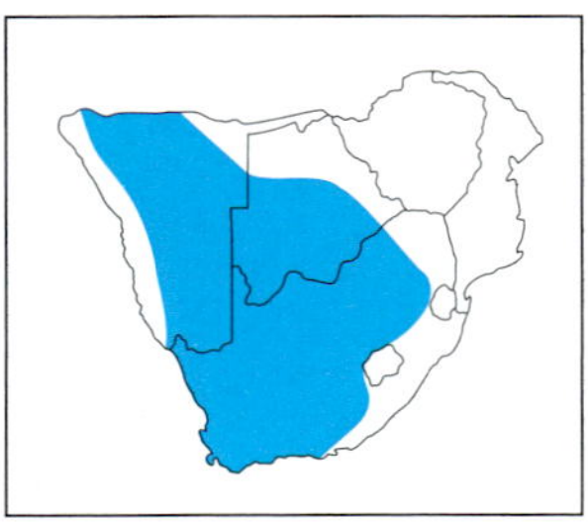

Beschreibung Aus der Nähe erscheint der Rumpf silbergrau, aus der Entfernung jedoch grau. Die Vorderläufe sind an der oberen Hälfte rotbraun, und die Hinterläufe haben dunkle Flecken. Der Kopf ist rötlichbraun mit weißen Backen, die Kehle fahlgelb, der Bauch weiß mit rostfarbenem Glanz. Der Schwanz ist dunkler, lang und buschig mit schwarzer Spitze. Der Kapfuchs ist der einzige wirkliche Fuchs im südlichen Afrika. Er ist zierlicher als der Löffelhund, auch die Ohren sind im Verhältnis kleiner.

Geschlechtsunterschied Rüden ein wenig schwerer als Fähen.

Habitat Offene Steppe mit oder ohne Busch, offene trockene Gegenden mit Bäumen, Karoo-, Busch und Fynbos vegetation.

Gewohnheiten Nachtaktiv und Einzelgänger; Kapfüchse sind besonders kurz nach Sonnenuntergang und kurz vor Sonnenaufgang aktiv. Tagsüber schlafen sie in Erdlöchern oder im Schutze von hohem Gras. Wenn Welpen großgezogen werden, wird das Territorium um den Bau verteidigt. Der Kapfuchs ist ein starker Gräber und gräbt seine eigenen Erdhöhlen oder modifiziert alte Springhasenlöcher. Fängt hauptsächlich Mäuse und nicht – wie oft fälschlich geglaubt – Schafe und Lämmer.

Lautäußerungen Ein helles heulendes Bellen.

Nachwuchs Ein bis fünf Junge werden im Oktober oder November nach einer Tragzeit von etwa 2 Monaten geboren.

Auch Kamafuchs.

Koos Delport

Niel Cillié

Honigdachs

Honey Badger
Mellivora capensis

Gewicht 7,9–14,5 kg.

Nahrung Vögel, Früchte, Skorpione, Spinnen, Reptile, Honig und Bienenlarven.

Lebenserwartung ± 24 Jahre.

Feinde Löwe, Python.

Beschreibung Der Körper ist schwarz mit einer breiten weißen oder bräunlich bis grauweißen Färbung über Kopf und Rücken. Es ist ein stämmiges Tier mit kurzen Beinen und starken Krallen, ideal zum Graben. Hinten etwas höher gebaut als vorne. Der Schwanz ist kurz und schwarz, die Ohren sind sehr klein. Die Haut ist außergewöhnlich dick, zäh und lose, als Schutz gegen Feinde.

Geschlechtsunterschied Keiner.

Habitat Sehr anpassungsfähig und kommt in allen Gebieten, außer Bergdickicht und Wüsten, vor.

Gewohnheiten Meist Einzelgänger, doch sieht man manchmal 2 bis 3 zusammen. Hauptsächlich nachtaktiv, doch auch häufig am Tag zu sehen. Wahrscheinlich können sie nicht gut hören. Der Gang ist rollend, die Nase dicht am Boden. Graben nach Spinnen, Skorpionen, Reptilen und Bienen. Man sagt, der Honiganzeigervogel führt den Honigdachs zu Bienenwaben und wartet, bis der Dachs die Waben öffnet, um dann den Honig mit zu verzehren. Sie sind tapfer und manchmal äußerst aggressiv und kämpfen mit anderen Tieren. Wenn sie Angst haben, verbreiten sie einen scharfen, unangenehmen Geruch, ähnlich dem des Streifeniltis.

Lautäußerungen Knurren, Grunzen, schrilles Bellen und ein näselndes “harrr-harrr”.

Nachwuchs Meist zwei Junge werden zwischen Oktober und Januar nach einer Tragzeit von etwa 6 Monaten geboren.

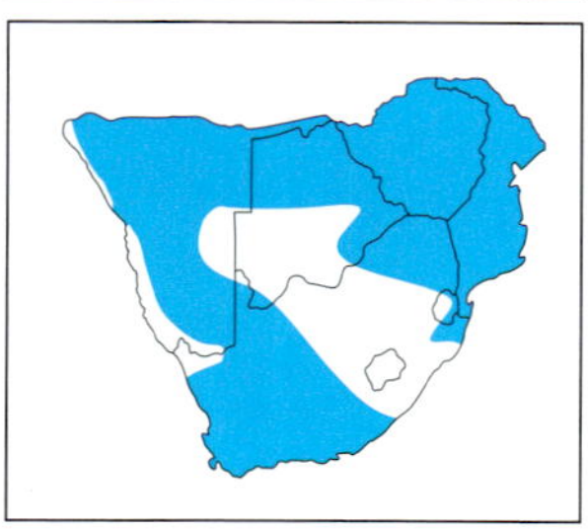

Aaron Frankental/Gallo

Anthony Bannister/Gallo

Gewicht ♂ 9,5–13,2 kg.
♀ 9,7–20,0 kg.

Nahrung Insekten, Mäuse, wilde Früchte, Reptilien, Vögel.

Lebenserwartung
± 12 Jahre.

Feinde Löwe, Leopard, Python.

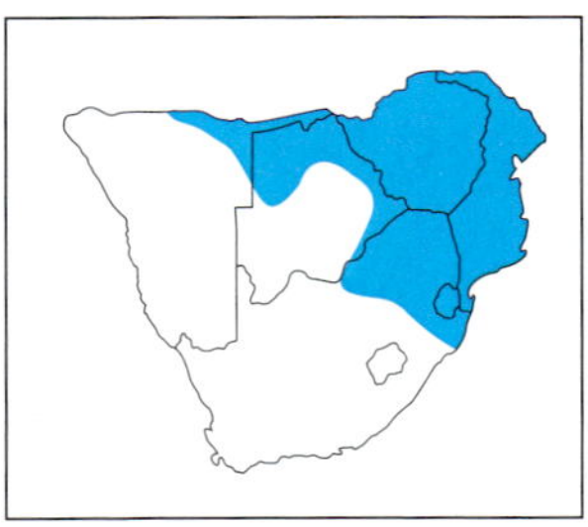

Afrikanische Zibetkatze

African Civet
Civettictis civetta

Beschreibung Dieses katzenartige Tier ist weißgrau mit undeutlichen Flecken am Vorderkörper, nach hinten ausgeprägter, z.T. in Streifen übergehend. Zwischen den Ohren beginnt ein schwarzer Streifen, der über den Rücken läuft und in der Schwanzspitze endet. Unten am Hals ist eine kleine Mähne weißer Haare, mit einem Rand schwarzer Haare. Der Schwanz ist weich, mit Ringen und schwarzem Schwanzende. Auch das Gesicht ist schwarz, weist aber beidseitig der Nase zwei große weiße Flecken auf. Die Ohren sind gerundet, mit weißen Rändern.

Geschleichtsunterschied Männchen leichter als Weibchen gebaut.

Habitat Buschsavanne mit dichtem Unterholz. Liebt wasserreiche Gegenden.

Gewohnheiten Zibetkatzen sind ausschließlich nachtaktiv, hauptsächlich in den frühen Nachtstunden oder kurz vor Sonnenaufgang, wo man sie bisweilen sehen kann. Meist Einzelgänger. Klettern gelegentlich, leben jedoch hauptsächlich am Boden, Pfade oder Wechsel benutzend. Ihr Gang ist zielstrebig, mit tief gesenktem Kopf.

Sie sind sehr scheu und verhalten sich bei Störungen regungslos oder legen sich ganz flach hin, ihrer Tarnung mehr vertrauend als der Flucht.

Lautäußerungen Ein leises drohendes Knurren und ein hustendes Bellen. Sie schreien beim Kämpfen.

Nachwuchs Ein bis vier Junge werden zwischen August und Dezember nach einer Tragzeit von etwa 2 Monaten geboren.

Nigel Dennis

Reg Gush

Kleinfleckenginsterkatze

Small-spotted Genet
Genetta genetta

Gewicht ♂ 1,6–2,6 kg.
♀ 1,5–2,3 kg.

Nahrung Mäuse, Ratten, Grashüpfer, Käfer, Spinnen, Vögel, Schlangen

Lebenserwartung ± 12 Jahre.

Feinde Löwe, Leopard, Python.

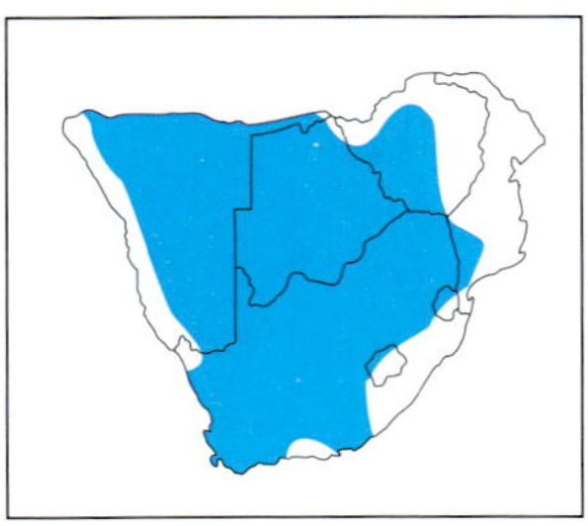

Beschreibung Ein katzenartiges Tier mit langem schlankem Körper und kurzen Beinen. Der sehr lange Schwanz ist schwarz und weiß gebändert. Die Körperfarbe ist gräulich weiß mit schwarzen bis rostbraunen Flecken. Die dunkle Haarmähne ist länger als die der Großfleckenginsterkatze. Ihr Kinn ist weiß und der Schwanz endet in einer langen Spitze.

Geschlechtsunterschiede Keine

Habitat Bevorzugt trocknere und offenere Gebiete als die Großfleckenginsterkatze; Baumgebiete mit trockenem Marschland oder Grasflächen; ebenfalls trockene Sträucher und Büsche an Flussbetten.

Gewohnheiten Überwiegend nachtaktiv und bleibt während des Tages im Schutz von Boden- oder Baumstammhöhlen. Gewöhnlich Einzelgänger, manchmal paarweise. Sucht die Nahrung auf dem Boden, klettert für Beute oder zum Schutz auch auf Bäume. Bewegt sich in schnellem Trab in geduckter Jagdhaltung, den Schwanz waagerecht haltend. Auf Beutezug bewegt sie sich sehr langsam bis die günstigste Position zum Ansturm erreicht ist.

Lautäußerung Brummen und Fauchen.

Nachwuchs Zwei bis vier Junge werden zwischen August und September nach einer Tragzeit von 10 bis 11 Wochen geboren.

Auch Ginsterkatze.

Robert Nunnington/Gallo

Clem Haagner

Gewicht 1,4–3,2 kg.

Nahrung Ratten, Mäuse, Heuschrecken, Käfer, Vögel, Spinnen, Grillen, Frösche und Krebse.

Lebenswerwartung ± 13 Jahre.

Feinde Leopard, Löwe, Python.

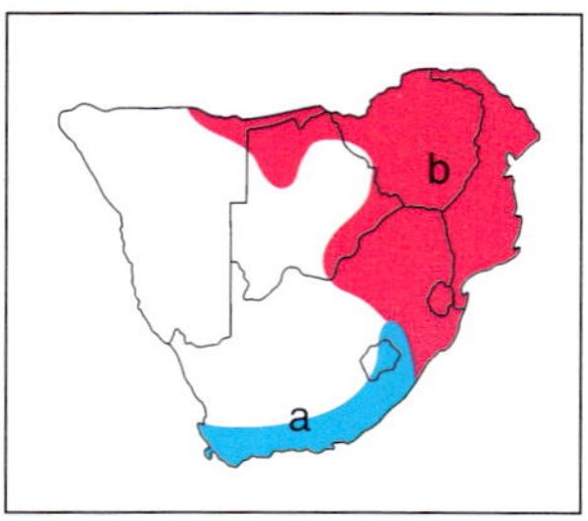

Großfleckenginsterkatze

Large-spotted Genet

Genetta tigrina

Rotfleckenginsterkatze

Rusty-spotted Genet

Genetta maculata

Beschreibung Diese kleinen, katzenartigen Tiere haben ein helles oder weißgraues Fell mit dunklen Flecken und Streifen. Der Schwanz ist lang und dunkel mit schwarzen Bändern. Die Spezies sind jetzt unterteilt in die **Großfleckenginsterkatze** *Genetta tigrina* (oben und a) mit schwarzen Flecken, Streifen und Bändern, und die **Rotfleckenginsterkatze** *Genetta maculata* (unten und b) mit rostroten Flecken und Streifen. Ein kennzeichnender dunkler Haarstreifen läuft von hinter den Schultern bis zum Schwanzansatz. Unter den Augen sind weiße Flecken und die Backen sind hell. Diese beiden weißen Flächen sind durch dunkelbraune Streifen, die von den Augenwinkeln ausgehen, unterteilt. Die rundlichen Ohren stehen aufrecht. Unterscheidet sich von der Kleinfleckenginsterkatze durch die dunkle Schwanzspitze und das helle Kinn.

Geschlechtsunterschied Keiner.

Habitat Gebiete mit Unterholz und Wasser.

Gewohnheiten Meist Einzelgänger, mitunter in Paaren. Nachtaktiv; Tagsüber schlafen sie in alten Löchern von Erdferkeln oder Springhasen oder in hohlen Baumstümpfen. Vorwiegend am Boden, aber zuweilen nehmen sie auch Schutz in Bäumen oder gehen dort auf Jagd. Ihre Bewegungen sind aufmerksam und flink, und wenn sie rennen, halten sie den Kopf gesenkt und den Schwanz horizontal.

Lautäußerungen Knurren und Fauchen.

Nachwuchs Zwei bis fünf Junge werden nach einer Tragzeit von etwa 2 Monaten zwischen August und März geboren.

Genetta tigrina

Lex Hes

Genetta maculata

SA National Parks

Gewicht ♂ 681–1 460 g.
♀ 596–880 g.

Nahrung Insekten, Mäuse, Reptile, Spinnen, Skorpione und Tausendfüßler.

Lebenserwartung
± 8 Jahre.

Feinde Schabracken-hyäne, Karakal.

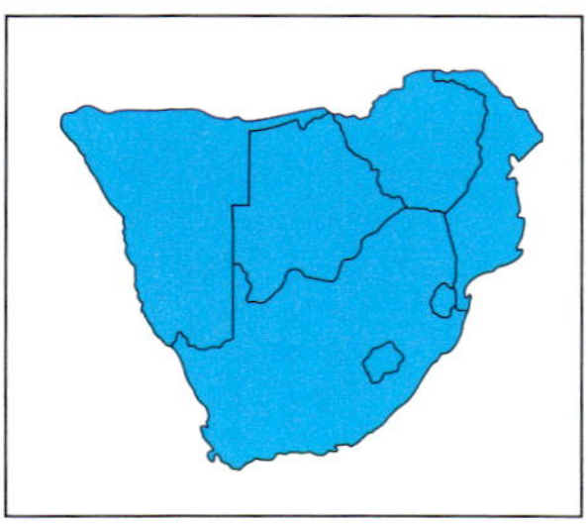

Streifeniltis

Striped Polecat
Ictonyx striatus

Beschreibung Kleines, schwarzweiß gestreiftes Raubtier mit kurzen Beinen. Vier weiße Streifen vom Kopf ausgehend, laufen fast parallel über die Länge des schwarzen Körpers und treffen sich an der Schwanzspitze; weiße Flecken sind unter den Ohren und auf der Stirn. Der dichte, buschige Schwanz hat langes schwarzweißes Haar. Oberflächlich gesehen ist das Weißnackenwiesel dem Streifeniltes ähnlich, aber es ist kleiner und hat keine Flecken am Kopf, sondern eine geschlossene weiße Kappe.

Geschlechtsunterschied Männchen größer als Weibchen.

Habitat Lebt in unterschiedlichen Lebensräumen, von wüstenähnlichem Buschland bis zu Wäldern, aber generell ein seltenes Tier.

Gewohnheiten Meist Einzelgänger, manchmal paarweise oder Weibchen mit Jungen. Territorial, spät in der Nacht aktiv, sehr selten am Tag zu sehen. Bewegt sich mit auffallend gekrümmtem Rücken. In weichem Boden graben sie ihren eigenen Bau, sonst werden fremde Höhlen oder Schlupfwinkel unter Geröll oder in Felsspalten benutzt. Die Analdrüsen spritzen bei Bedrohung eine äußerst übelriechende Flüssigkeit aus.

Lautäußerungen Knurren und Bellen.

Nachwuchs Ein bis drei Junge werden zwischen Oktober und März nach einer Tragzeit von 5 bis 6 Wochen geboren.

Auch Bandiltis, Zorilla.

Anthony Bannister/Gallo

Anthony Bannister/Gallo

Gewicht 440–900 g.

Nahrung Käfer, Termiten, Grillen, Heuschrecken, Mäuse, Vögel, Reptile.

Lebenserwartung ± 12 Jahre.

Feinde Leopard, Löwe, Schabrackenhyäne, Karakal, Afr. Wildkatze.

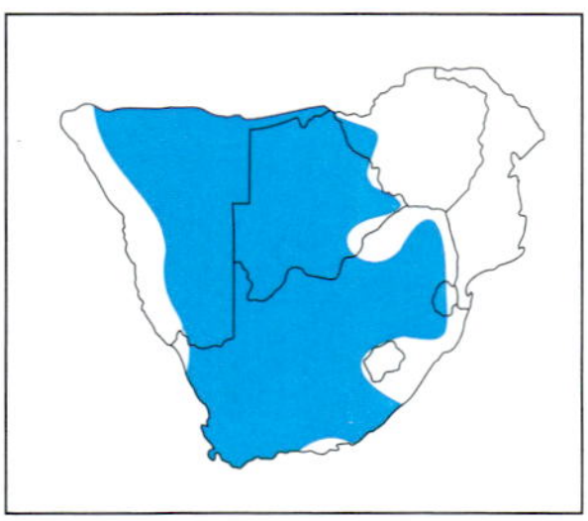

Fuchsmanguste

Yellow Mongoose
Cynictus penicillata

Beschreibung Die Farbe der Fuchsmanguste variiert vom rötlichen Gelb im Südosten des Landes bis zu Schattierungen von gelb bis gelbgrau im Nordwesten. Die Schwanzspitze ist weiß. Im Norden Botswanas ist sie grau mit feinen Pünktchen, auch ist sie dot kleiner, hat kürzere Haare und einen kurzen Schwanz ohne die weiße Spitze. Beine, Kinn, Kehle und Brust sind etwas heller als der restliche Körper.

Geschlechtsunterschied Keiner.

Habitat Offene Grassteppen, meiden buschiges Gelände.

Gewohnheiten Sie leben paarweise oder in Kolonien von 20 oder mehr mit. Die Kolonien in Botswana sind gewöhnlich kleiner. Wohnen oft mit Surikaten oder Erdhörnchen zusammen, aber graben auch eigene Höhlengänge, mit einer Vielzahl von Tunneln und Eingängen. Tagaktiv, z.T. auch nach Dunkelheit. Entfernen sich bei der Nahrungssuche weit vom Bau und benutzen bei Gefahr den nächstbesten Schlupfwinkel.

Lautäußerungen Unbekannt.

Nachwuchs Zwei bis fünf Junge werden zwischen Oktober und März nach einer Tragzeit von etwa 8 Wochen geboren.

Auch Gelbe Manguste.

Niel Cillié

Burger Cillié

Gewicht ♂ 450–640 g.
♀ 410–530 g.

Nahrung Termiten, Käfer, Heuschrecken, Ameisen, Eidechsen, Früchte, Mäuse, Vogeleier.

Lebenswerwartung
± 8 Jahre.

Feinde Leopard, Löwe, Schabrackenschakal, Zibetkatze.

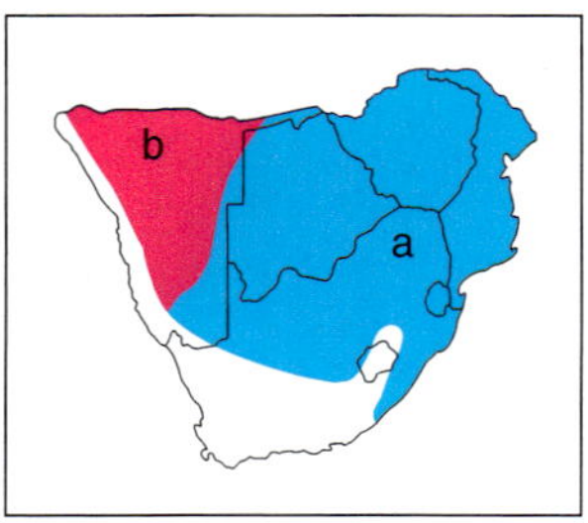

Schlankichneumon

Slender Mongoose
Galerella sanguinea

Kaokoland-Schlankichneumon

Kaokoland Slender Mongoose
Galerella flavescens

Beschreibung Diese schlanke Manguste hat einen langen Schwanz mit einer schwarzen Schwanzpitze. Beim Laufen hält das Tier den Schwanz charakteristisch im Bogen gekrümmt angehoben, ähnlich wie ein Löwe. Wird jetzt unterteilt in den **Schlankichneumon** *Galerella sanguinea* (oben und a), der braun- bis rotbraun meliert ist, und den **Kaokoland-Schlankichneumon** *Galerella flavescens* (unten und b). Dieser hat eine dunkle, rotbraun melierte Färbung und der untere Teil des Schwanzes ist schwarz (war früher eine Unterart *G. nigrata* und kommt vorwiegend in Namibia vor). Die Weißschwanzmanguste ist gelblicher mit einer weißen Schwanzspitze.

Geschlechtsunterschied Männchen sind etwas größer als Weibchen.

Habitat Typische Tierart der Savanne. Kommen auch in offenen Landschaften vor, solange ausreichend Schutz vorhanden ist wie Felsen und Termitenhügel.

Gewohnheiten Vorwiegend tagaktiv; kommen nach Sonnenaufgang zum Vorschein. Gehen einzeln auf Nahrungssuche, leben überwiegend am Boden, aber klettern auf Bäume um jagen oder um Feinden zu entkommen. Wenn verängstigt, verharren sie regungslos oder stellen sich auf den Hinterbeinen auf, um die Umgebung zu beobachten. Bewegen sich in schnellem Lauf und bevorzugen Fußpfade.

Lautäußerung Still; Junge machen “hei-nwie”.

Nachwuchs Ein bis zwei Junge werden zwischen Oktober und März geboren.

Clem Haagner

Galerella sanguinea

Niel Cillié

Galerella flavescens

Gewicht ♂ 680–1 250 g.
♀ 490–900 g.

Nahrung Hauptsächlich Insekten sowie Mäuse.

Lebenserwartung Unbekannt.

Feinde Leopard, Karakal, Schabrackenschakal.

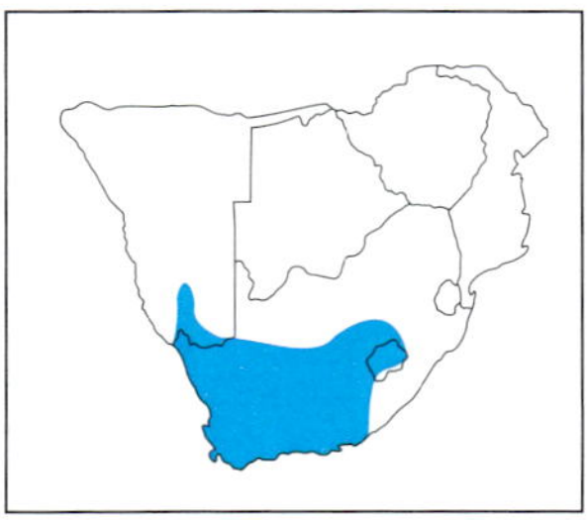

Kleinichneumon

Cape Grey Mongoose
Galerella pulverolenta

Beschreibung Ist verwandt mit dem Rotichneumon, der in den nördlichen Gebieten vorkommt. Aus der Entfernung sieht er grau aus, aber näher betrachtet, zeigt sich, daß er schwarz mit weißen oder gelblich braunen Tupfen ist. Tiere aus dem Nordwesten sind bräunlicher als jene des Südens. Die Kopfhaare sind kurz und liegen flach an, die Ohren sind etwas bedeckt. Das Haar an der Schwanzwurzel ist lang und wird kürzer zur Spitze hin. Die Unterteile sind nicht getupft, und die Beine sind dunkler als der Körper.

Geschlechtsunterschiede Männchen etwas größer als Weibchen.

Habitat Nutzt unterschiedliche Gebiete, vom Gebüsch- und Waldgebiet bis sehr trockene oder bergige Gegenden mit wenig Vegetation.

Gewohnheiten Tagaktiv, mit verminderter Aktivität zur wärmeren Tageszeit. Meist Einzelgänger, manchmal paarweise. Jungtiere bleiben in der Bruthöhle, bis sie entwöhnt sind, dann beginnen sie sich selbstständig zu machen. Sie bewegen sich meistens am Boden, können aber in Bäumen jagen. Nutzen Steinhaufen, Termitenbauten und andere Höhlen zum Schutz, wenn nicht genügend Vegetation vorhanden ist. Haben keine Angst vor Menschen und laufen gern auf Trampelpfaden.

Lautäußerung Unbekannt.

Nachwuchs 2–4 Junge werden gewöhnlich zwischen August und Dezember geboren.

Auch Kleine Graumanguste.

Peter Steyn/Photo Access

Andrew Deacon

Gewicht ♂ ± 4,5 kg.
♀ ± 4,1 kg.

Nahrung Käfer, Termiten, Heuschrecken, Mäuse, Frösche Laufvögel.

Lebenserwartung
Unbekannt.

Feinde Leopard, Löwe.

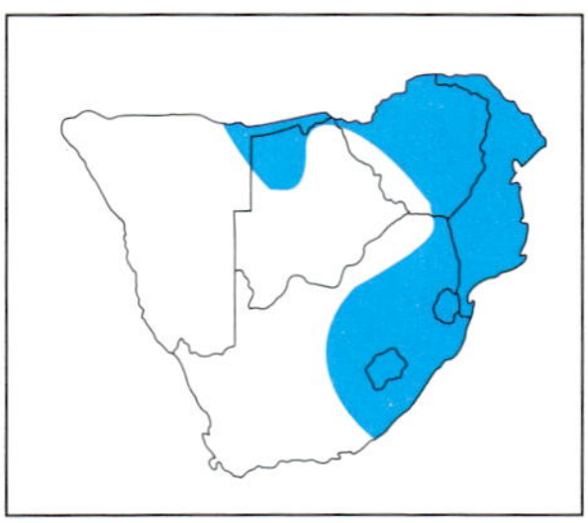

Weißschwanzmanguste

White-tailed Mongoose
Ichneumia albicauda

Beschreibung Eine sehr große, graubraune Manguste mit relativ langen schwarzen Beinen. Die letzten $^4/_5$ des langen Schwanzes sind mit langem weißem Haar bedeckt (daher der Name). Der Kopf ist etwas heller gefärbt als der übrige Körper. Die langen Hinterbeine lassen den Rücken beim Laufen etwas schief nach vorne neigen. Mellers Manguste (manchmal ebenfalls mit einem weißen Schwanz) ist kleiner mit mehr braun im Schwanzfell.

Geschlechtsunterschied Männchen sind etwas schwerer als Weibchen.

Habitat Baumreiche Gebiete mit viel Wasser. Auch an Flüssen und im Morast in trockeneren Gegenden, bevorzugen aber feuchte Savannen.

Gewohnheiten Als Nachttiere treten sie lange nach Dunkelwerden in Erscheinung und sind gewöhnlich nur im ersten Teil der Nacht aktiv. Sie sind Bodentiere und schlafen während des Tages in alten Erdferkel- oder Springhasenhöhlen oder in dichtem Buschwerk. Trotten dahin mit der Nase tief am Boden. Wenn sie Angst haben, sträubt sich die lange Haarmähne auf dem Rücken. Oft in Menschennähe, wo sie Hühner usw. jagen.

Lautäußerungen Meist stumm; knurren und bellen.

Nachwuchs Ein bis drei Junge werden zwischen September und Dezember geboren.

Luke Hunter/Gallo

Lex Hes

Wassermanguste

Marsh Mongoose
Atilax paludinosus

Gewicht 2,4–4,1 kg.

Nahrung Frösche, Krabben, Mäuse, Fische, Insekten.

Lebenserwartung ± 11 Jahre.

Feinde Löwe, Serval, Python, Adler.

Beschreibung Eine recht große Manguste. Die Körperfarbe variiert zwischen fast schwarz bis rostbraun und ist manchmal meliert. Kinn und Backen sind etwas heller, während die Läufe meist dunkler sind. Die Haare sind lang, besonders die des Schwanzes. Der Kopf ist groß und breit, die Ohren klein und flach anliegend. Im Vergleich dazu, ist die Weißschwanzmanguste größer, dunkler, mit auffallend weißem Schwanz.

Geschlechtsunterschied Keiner.

Habitat Stets in der Nähe von Flüssen, Bächen, Sümpfen, Stauseen und Flußmündungen.

Gewohnheiten Leben einzeln, außer wenn Weibchen Junge haben. Hauptaktivität frühmorgens und spät nachmittags bis zur Dämmerung, an bewölkten Tagen länger aktiv. Schlafen in dichter Deckung und bevorzugen zur Nahrungssuche Pfade und schlammige Fluss- und Seeufer. Schwimmen vorzüglich und suchen gelegentlich Schutz im Wasser.

Lautäußerungen Knurren und schrilles Bellen.

Nachwuchs Ein bis drei Junge werden zwischen August und Dezember geboren; die Tragzeit ist nicht bekannt.

Auch Sumpfmanguste, Sumpfichneumon.

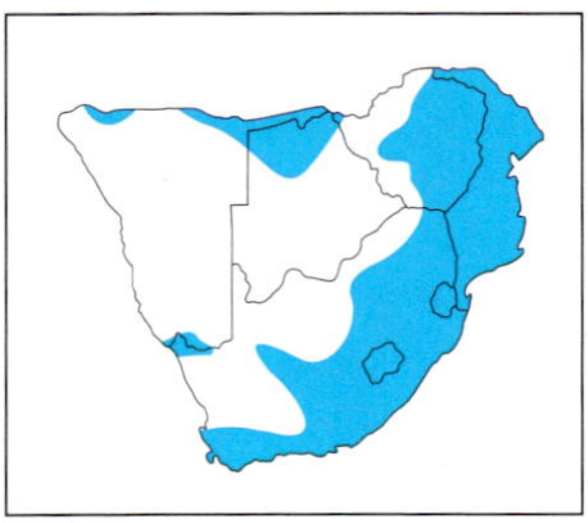

Anthony Bannister/Gallo

Eric Reisinger

Zebramanguste

Gewicht 1,0–1,6 kg.

Nahrung Insekten, Schnecken, Reptile, Würmer, Vogeleier.

Lebenserwartung ± 8 Jahre.

Feinde Leopard, Löwe, Karakal, Zibetkatze, Python, Adler.

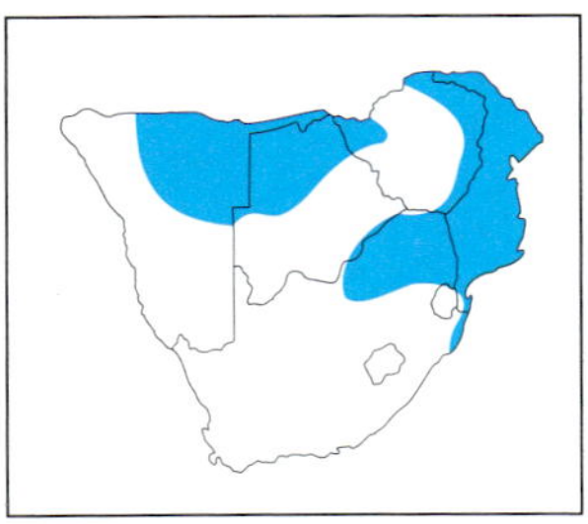

Banded Mongoose
Mungos mungo

Beschreibung Eine kleine Manguste von hellgrauer bis rotbraun melierter Färbung, Beine haben die Farbe des Körpers. Die dunklen Querstreifen beginnen etwas hinter den Schultern und enden kurz vor dem Schwanzansatz. Die rotbraune Rasse hat schwarze Schwanz- und Rückenstreifen, wogegen die hellgrauen Tiere mehr braune Streifen haben. Kleine runde Ohren und eine spitze Schnauze.

Geschlechtsunterschied Keiner.

Habitat Buschsavanne an Flußufern, oder dichte Akaziengehölze mit genügend Termitenhügeln, totem Unterholz und trockenem Pflanzenmaterial.

Gewohnheiten Die Tiere bilden Kolonien von 30 Tieren und mehr. Bei der Nahrungssuche sind sie weit von einander entfernt, behalten aber Kontakt durch ein stetes Schnattern. Bei Gefahr oder einem Alarmruf verstummen alle, während einige sich auf die Hinterbeine aufrichten, um die Umgebung zu beobachten. Entweder fliehen alle leise und suchen Schutz in Löchern – oder sie fahren mit der Nahrungssuche fort. Sie sind tagaktiv und verbringen die Nacht in ausgehöhlten Termitenhügeln. Obwohl sie klettern können, halten sie sich meist am Boden auf.

Lautäußerungen Schnattern oder ein lautes Keckern bei Gefahr.

Nachwuchs Zwei bis acht Junge werden zwischen Oktober und Februar nach einer Tragzeit von etwa 8 Wochen geboren.

Auch Mungo.

Richard du Toit

Burger Cillié

Gewicht 210–340 g.

Nahrung Insekten, Schnecken, Skorpione, Heuschrecken.

Lebenserwartung ± 6 Jahre.

Feinde Leopard, Löwe, Schabrackenschakal, Zibet, Python, Adler.

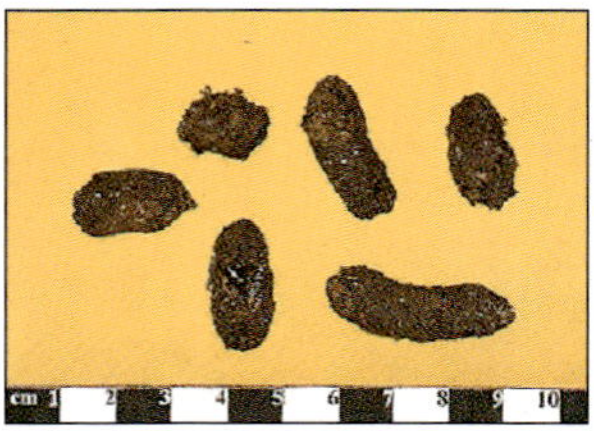

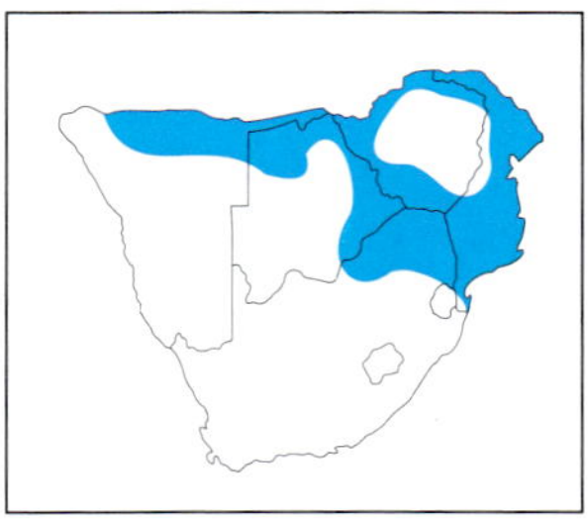

Zwergmanguste

Dwarf Mongoose
Helogale parvula

Beschreibung Dies ist die kleinste Manguste im südlichen Afrika. Von Weitem erscheint sie dunkelbraun bis schwarz, beim näheren Hinsehen sieht man hellere Tüpfelchen auf dem dunklen Rotbraun. Die Bauchbehaarung ist spärlicher. Die Ohren sind klein, doch aufgrund der kurzen Kopfbehaarung auffallender als bei den übrigen Mangusten. Die Krallen der Vorderpfoten sind lang und zum Graben geeignet.

Geschlechtsunterschied Keiner.

Habitat Trockene Buschsavanne mit, steinigem Boden, in Termitenhügeln, Baumstümpfen und Geröll.

Gewohnheiten Sie bilden Kolonien von 10 oder mehr Tieren. Sie haben einen ständigen Wohnsitz in alten Termitenhügeln oder einem selbstgegrabenen Bau, dessen Eingang meist unter einem alten Baumstamm liegt. Tagaktiv, erscheinen sie erst lange nach Sonnenaufgang und gehen vor Sonnenuntergang wieder in den Bau. Bei der Nahrungssuche entfernen sich die Zwergmangusten recht weit voneinander, halten jedoch Verbindung durch "Tschuck"-Geräusche. Auf einen Alarmruf hin verhalten sich alle Tiere regungslos bis auf einige, die aufrecht stehend Ausschau halten. Sie liegen gerne in der Sonne.

Lautäußerungen "Perrip" oder "Tschuk", oder ein Alarm-"Schuschwe".

Nachwuchs Zwei bis vier Junge werden zwischen Oktober und März nach einer Tragzeit von etwa 8 Wochen geboren.

Auch Südliche Zwergmanguste, Zwergichneumon.

Burger Cillié

Burger Cillié

Gewicht 620–960 g.

Nahrung Würmer, Insekten, Larven, Mäuse, Schlangeneier.

Lebenserwartung ± 12 Jahre.

Feinde Leopard, Löwe, Schabrackenschakal.

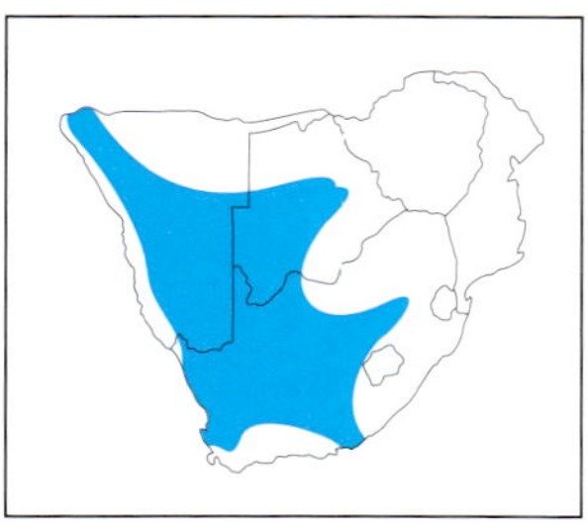

Surikate

Meerkat
Suricata suricatta

Beschreibung Färbung silberbraun, manchmal etwas heller. Von den Schultern abwärts sind dunkle Flecken, die z.T. Querstreifen bilden. Charakteristisch ist der dünne Schwanz mit dunkler Spitze. Der Kopf ist breit mit dunklen Augenfeldern und die Schnauze spitz. Ein schmaler dunkler Streifen läuft über den Augen bis zu den Ohrenspitzen. Die Hinterbeine sind wesentlich stärker gebaut als die Vorderbeine.

Geschlechtsunterschied Keiner.

Habitat Offenes Gelände auf hartem, kalkhaltigem oder steinigem Boden.

Gewohnheiten Surikaten sind verspielte, tagaktive Tiere, die erst nach Sonnenaufgang ihren Bau verlassen und oft lange in der Sonne sitzen. Sie leben in Kolonien bis zu 20 Tieren und bewohnen entweder alte Erdhörnchengänge oder graben ihr eigenes Höhlensystem mit vielen Tunneln, Räumen und Eingängen. Die typische Haltung ist aufrecht sitzend oder auf den Hinterbeinen stehend und aufmerksam die Umgebung beobachtend. Beim Fressen graben sie emsig und wenden dabei auch häufig Steine um.

Lautäußerungen Ein scharfes, lautes Alarmbellen.

Nachwuchs Zwei bis fünf Junge werden zwischen Oktober und März nach einer Tragzeit von 10 bis 11 Wochen geboren.

Auch Erdmännchen, Scharrtier.

Niel Cillié

Burger Cillié

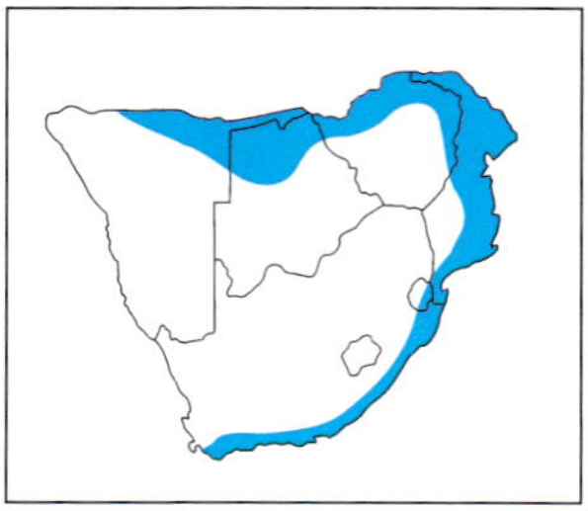

Länge ± 100 cm.
Gewicht ♂ ± 3,4 kg.
♀ ± 3,1 kg.

Nahrung Mäuse, Vögel, Reptilien, Frösche und Insekten.

Lebenserwartung
Unbekannt

Feind Leopard, Löwe, Python, große Greifvögel.

Großichneumon

Large Grey Mongoose
Herpestes ichneumon

Beschreibung Die Färbung ist grau, das Haar lang und rauh, die Beine sind kurz und werden in Fußnähe schwarz. Der Kopf und der Körper sind langgestreckt.

Habitat Flussufer, an Stauseen und in Sümpfen.

Gewohnheiten Tag- und nachtaktiv; sie ruhen im Schilf oder unter Büschen. Sie jagen meistens paarweise oder in kleinen Gruppen. Bei Erregung sträuben sie das Fell.

Nachwuchs Zwei Junge werden im Frühsommer geboren.

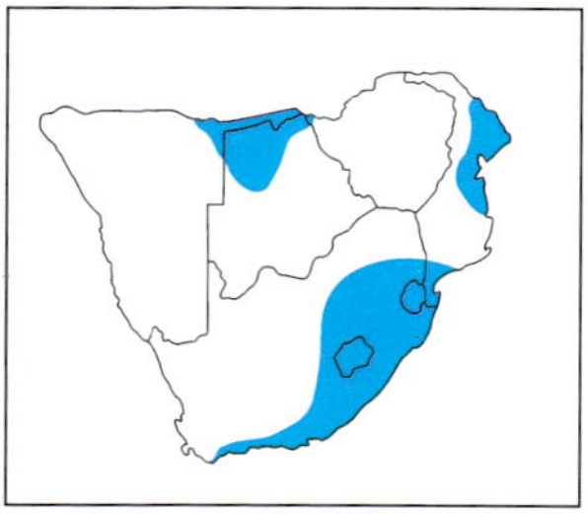

Länge ± 100 cm.
Gewicht ♂ ± 4,5 kg.
♀ ± 3,5 kg.

Nahrung Fische, Krebse, Schalentiere, Frösche und Vögel.

Lebenserwartung
unbekannt

Feinde Python.

Fleckenhalsotter

Spotted-necked Otter
Lutra maculicolis

Beschreibung Der Körper ist langgestreckt und schlank, und der Kopf ist breit. Das Fell ist braun mit weißen Flecken an der Kehle und auf der Brust.

Habitat Nahe ständig fließenden Flüssen und in Sümpfen.

Gewohnheiten Hält sich mehr im Wasser auf als die Kap-Fingerotter. Verläßt das Wasser nur zum Ausruhen oder für Ausscheidungen und ist unbeholfen an Land. Gewöhnlich ein Einzelgänger und nachtaktiv.

Nachwuchs Zwei bis drei Junge werden im Sommer geboren.

Clem Haagner

Herpestes ichneumon

Roger de la Harpe

Lutra maculicolis

Kapotter

African Clawless Otter
Aonyx capensis

Gewicht 10–18 kg.

Nahrung Frösche und Krabben, doch auch Fische, Vögel, Insekten und Reptilien.

Lebenserwartung ± 15 Jahre.

Feind Python.

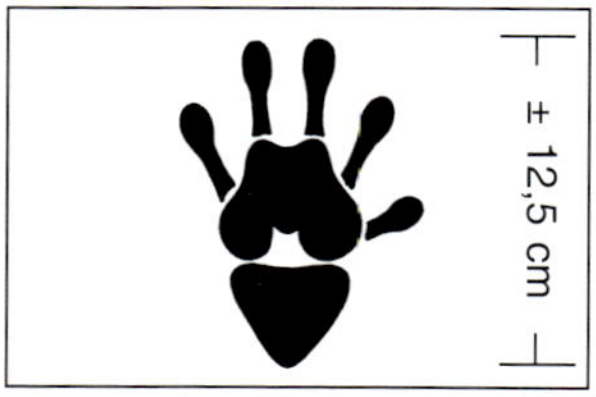

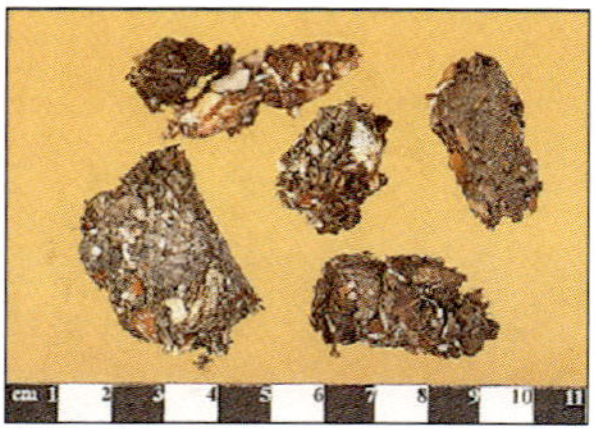

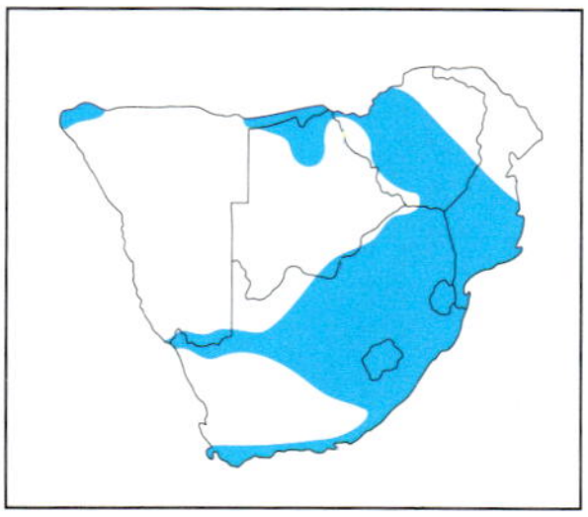

Beschreibung Das wertvolle Fell ist dicht und glänzend. Die Körperoberseite ist braun, der Rest etwas heller, meist von vorne nach hinten dunkler werdend. Kehle und Kopfseiten sind weiß bis unter die Augen und Ohren. Die Zehen der Hinterfüße sind mit Schwimmhäuten verbunden. Im Unterschied zum Fleckenhalsotter ist die Kehle ungefleckt und die Vorderpfoten sind krallenlos. Größer als der Fleckenhalsotter.

Geschlechtsunterschied Keiner.

Habitat Gewöhnlich in oder bei Flüssen, Sümpfen, Stauseen oder Seen. Laufen manchmal weit weg beider Nahrungssuche.

Gewohnheiten Meist einzeln, aber auch paarweise oder im Familienverband. Tagaktiv; man sieht sie am häufigsten frühmorgens und spät nachmittags. Selten auch nachts aktiv. Wenn es warm wird, ruhen sie an trockenen Stellen zwischen Felsen und Ried, doch die meiste Zeit wird im Wasser verbracht. Beim Auftauchen schütteln sie erst den Kopf und dann den ganzen Körper und rollen im Ufersand, um sich zu trocknen. Von Natur aus verspielt, jagen sie sich gegenseitig im Wasser.

Lautäußerungen Schriller Schrei, schnurrendes zufriedenes Knurren, faucht und knurrt, wenn verärgert. Alarmruf ein explosives "Ha".

Nachwuchs Ein Junges wird irgendwann im Jahr nach einer Tragzeit von etwa 9 Wochen geboren, selten zwei.

Auch Fingerotter.

Burger Cillié

Oben – Ockerfußbuschhörnchen (Burger Cillié), rechts – Nachtäffchen (Clem Haagner/Gallo)

Kleine Säugetiere

Alle anderen kleinen

Pflanzen-, Fleisch- und

Insektenfresser.

Erdferkel

Aardvark
Orycteropus afer

Gewicht ♂ 41–65 kg.
♀ 40–58 kg.

Nahrung Vorwiegend Termiten und Ameisen.

Lebenserwartung ± 10 Jahre.

Feinde Leopard, Löwe.

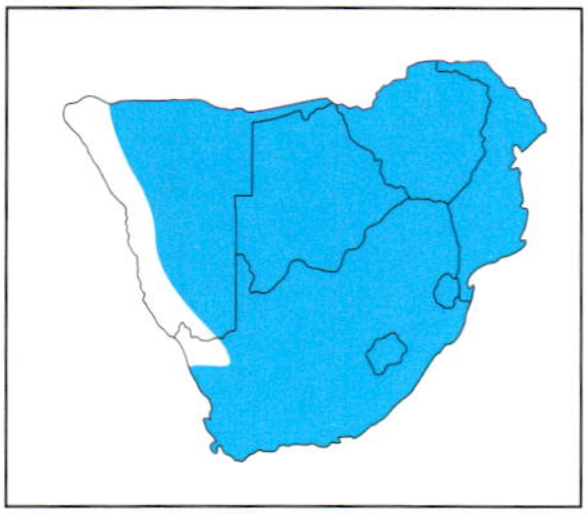

Beschreibung Ein Tier mit langen Ohren, einer langen, schweineähnlichen Schnauze und einem dicken Schwanz. Die Haut ist gelb-grau und spärlich behaart. Die Beine haben mehr Haare, die dunkler sind. Das Erdferkel nimmt oft die Erdfarbe seiner Umgebung an, da es in unterirdischen Bauen schläft. Der hintere Teil des Körpers ist schwerer gebaut und zugleich höher als das Vorderteil. Die Beine sind ausgesprochen kräftig, und besonders die Vorderpfoten sind mit starken Krallen ausgestattet, die zum Graben und Aufbrechen von Termitenhügeln dienen.

Geschlechtsunterschied Männchen etwas schwerer als Weibchen.

Habitat Sehr anpassungsfähig. Sie halten sich auf, wo die Erde nicht zu hart ist und genügend Termiten zu finden sind.

Gewohnheiten Erdferkel sind Einzelgänger und laufen oft weit bei der Nahrungssuche, die Nase am Boden. Sie riechen und hören gut, aber sehen schlecht. Sie sind vor allem nachtaktiv, schlafen normalerweise tagsüber in einem Loch, das sie hinter sich zumachen. Erdferkel graben unglaublich schnell. Drei Bauarten werden unterschieden: solche, in denen die Jungen aufwachsen, ein vorrübergehender Unterschlupf und drittens ein Loch, das auf der Suche nach Nahrung gegraben und nie wieder gebraucht wird. Die klebrige Zunge wird zum Termitenfangen gebraucht.

Lautäußerungen Schnaufen und Grunzen.

Nachwuchs Ein Junges wird nach einer Tragzeit von etwa 7 Monaten zwischen Juli und September geboren.

Auch Ameisenbär.

Keith Begg/Gallo

Clem Haagner

Gewicht 4,5–14,5 kg.

Nahrung Ameisen und Termiten.

Lebenserwartung ± 12 Jahre.

Feinde Keine..

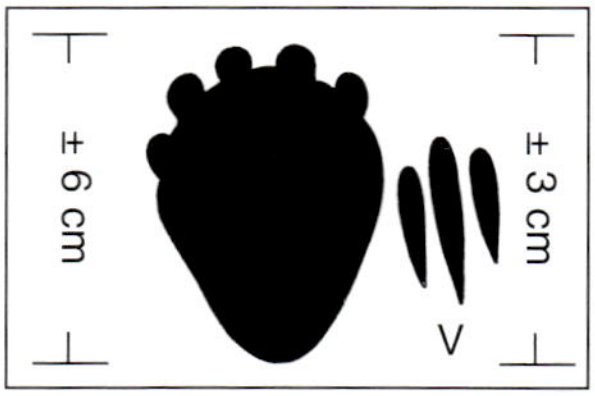

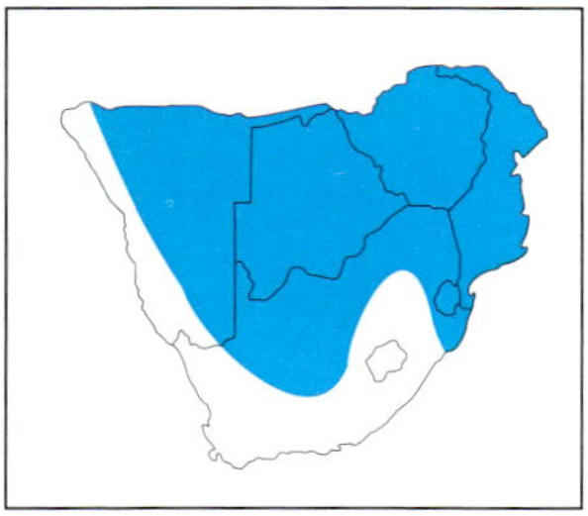

Steppenschuppentier

Ground Pangolin
Manis temminckii

Beschreibung Das kennzeichnende Merkmal dieses Tieres sind seine harten, dunkelbraunen, dachziegelartig angeordneten Schuppen, die den ganzen Körper außer Kopfseiten und Körperunterseite bedecken. Der Kopf ist klein, die Schnauze zugespitzt. Es bewegt sich hauptsächlich auf den Hinterbeinen, nur gelegentlich die Vorderbeine mitbenutzend. Die Vorderpfoten haben lange, gekrümmte Krallen, mit denen es gräbt. Ein eigenartiges Tier und sehr selten zu sehen.

Geschlechtsunterschied Keiner.

Habitat Bevorzugen sandigen Boden in sehr trockenen bis feuchten Savannen mit genügend Ameisen, Termiten und Schutz.

Gewohnheiten Schuppentiere sind Einzelgänger und bewegen sich mit viel Lärm, wenn sie Strauchwerk und Äste streifen. Vorwiegend nachtaktiv, bisweilen am Tage zu sehen. Richten sich bei Störung auf die Hinterläufe auf und benutzen den Schwanz dabei als Stütze. Sie hausen in alten Erdferkelbauen und gehen nachts auf Nahrungssuche. Bei Gefahr rollen sie sich zu einer Kugel zusammen. Verbreiten üblen Geruch, wenn verängstigt.

Lautäußerungen Hörbares Schnaufen bei der Nahrungssuche; Fauchen, wenn sie sich zusammenrollen.

Nachwuchs Ein Junges wird zwischen Mai und Juli nach einer Tragzeit von etwa 4½ Monaten geboren.

Auch Schuppentier.

Koos Delport

Ulrich Oberprieler

Gewicht ♀ 3,2–4,7 kg.
♂ 2,5–4,2 kg.

Nahrung Gras, Gesträuch, Kräuter.

Lebenserwartung
± 6 Jahre.

Feinde Schabrackenhyäne, Leopard, Löwe, Karakal, Python.

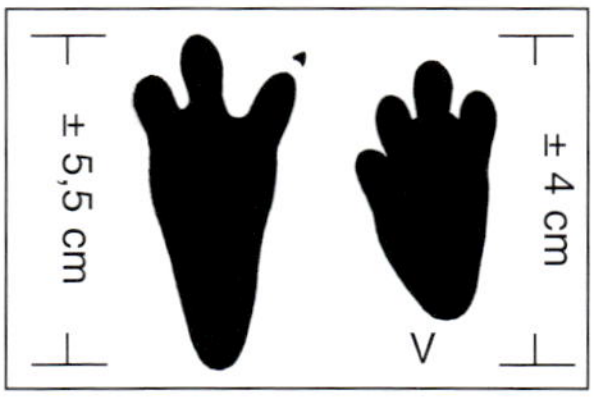

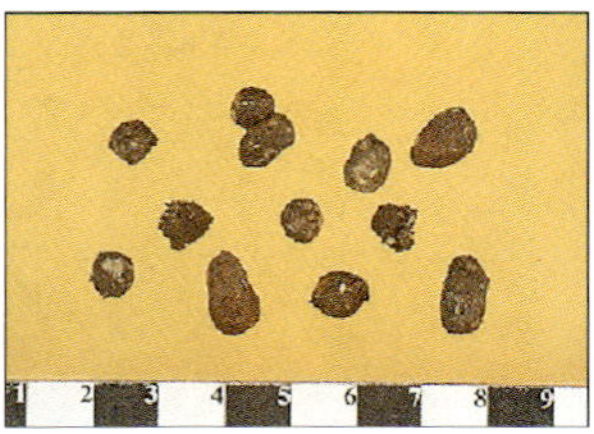

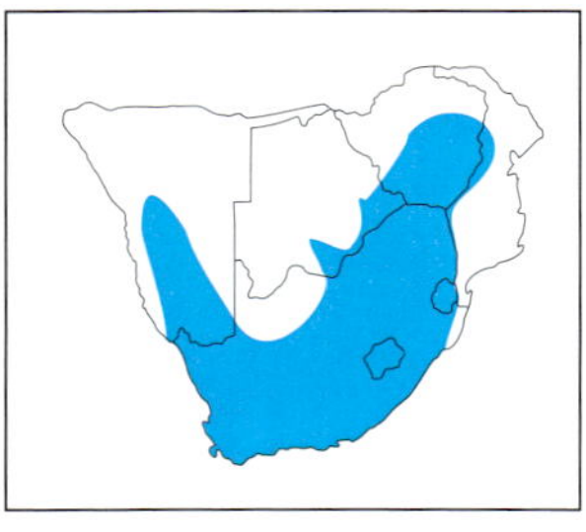

Klippschliefer

Rock Hyrax
Procavia capensis

Beschreibung Ein kleines, kräftiges, schwanzloses Tier. Färbung grau bis aschbraun mit einem rötlichen oder gelblichen Ton und feinen schwarzen Sprenkeln. In der Mitte des Rückens befindet sich ein länglicher, schwarzer Flecken, der bei anderen Arten weiß oder gelb ist. Das Haar ist um das Maul, hinter den Ohren, über den Augen und an den unteren Partien heller. Der Gelbrücken-Klippschliefer hat einen gelben Rückenflecken und weiße Augenbrauen, während der Baumschliefer sich durch längeres und wolliges Haar von beiden vorher genannten unterscheidet.

Geschlechtsunterschied Männchen etwas größer als Weibchen.

Habitat Felsen, Felsabhänge, felsige Hügel mit genügend Busch- und Baumdeckung.

Gewohnheiten Klippschliefer leben in Kolonien von 4 bis zu mehreren hundert Tieren in einer hierarchischen Ordnung. Es kommen wenige offene Kämpfe vor, doch wenn sie aggressiv sind, knurren sie, zeigen die Zähne und sträuben das schwarze Rückenhaar. Hauptsächlich frühmorgens aktiv, am späten Nachmittag und sogar nach Sonnenuntergang bei Mondschein. An kalten Tagen sitzen sie in der Sonne, bevor sie auf Nahrungssuche ziehen. Klippschliefer sind geschickte Kletterer.

Lautäußerungen Ein scharfes Alarmbellen, auch Knurren, Schnauben, Schreien, Schnarren.

Nachwuchs Ein bis sechs Junge werden in Winterregenstrichen vor allem zwischen September und Oktober, in Sommerregengebieten im März oder April nach einer Tragzeit von etwa 7½ Monaten geboren.

Auch Klippdachs.

Burger Cillié

Burger Cillié

Gewicht ♂ 3,5–5,2 kg.
♀ 3,4–3,8 kg.

Nahrung Wurzeln, Sprößlinge, Grasstengel und Schilf.

Lebenserwartung unbekannt.

Feinde Serval, Python.

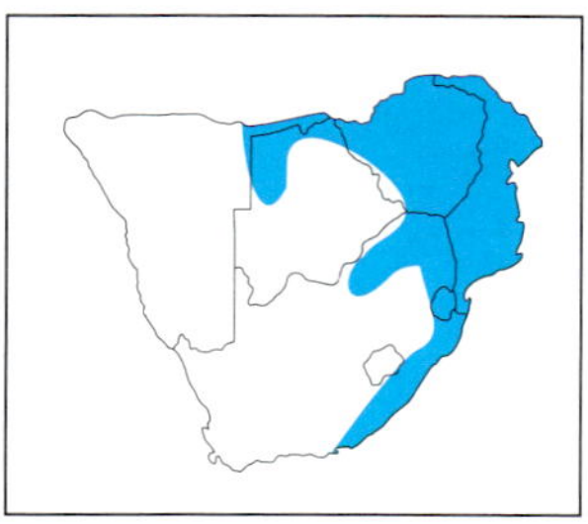

Große Rohrratte

Greater Canerat
Thryonomys swinderianus

Beschreibung Die größere der beiden Rohrratten in dieser Gegend. Ein stämmig gebauter Nager mit grobem Borstenhaar und einem verhältnismäßig kurzem Schwanz. Normalerweise ist sie braun mit dunklen Sprenkeln und heller gräulich-brauner Unterseite; Kinn und Kehle sind weiß. Die Ohren sind durch Haare fast verdeckt. Die Schnauze ist länglich und die Nase bildet ein fleischiges Fettpolster, das bei heftigen Stoßkämpfen benutzt wird. Die Kleine Rohrratte kommt nur in einigen Gebieten von Simbabwe vor.

Geschlechtsunterschiede Männchen etwas größer als Weibchen.

Habitat Röhricht und Gegenden mit hohem Gras bei Flüssen und Sümpfen.

Gewohnheiten Diese Tiere sind keine Ratten. Sie leben in Gruppen von 8–10, aber suchen einzeln Nahrung. Sie sind nachtaktiv, oft bis zur Morgendämmerung. Während des Tages ruhen sie im Dickicht oder in Löchern am Ufer. Sie gebrauchen Trampelpfade im Ried und langen Gras, um ungesehen umherzuwanden. Wenn sie gejagt werden, rennen sie eine Strecke, stoppen und horchen, um festzustellen, ob sie noch verfolgt werden. Sie sind gute Schwimmer und flüchten zur Sicherheit manchmal ins Wasser.

Lautäußerungen Schnauben; bei Gefahr lautes Pfeifen.

Nachwuchs Vier bis acht Junge werden zwischen August und Dezember nach einer Tragzeit von 4 bis 5 Monaten geboren.

Auch Große Bambusratte.

Anthony Bannister/Gallo

Niel Cillié

Kapigel

South African Hedgehog
Atelerix frontalis

Gewicht 236–480 g.

Nahrung Käfer, Termiten, Tausendfüßler, Heuschrecken, Motten.

Lebenserwartung ± 3 Jahre.

Feinde Löwe, Leopard, Karakal.

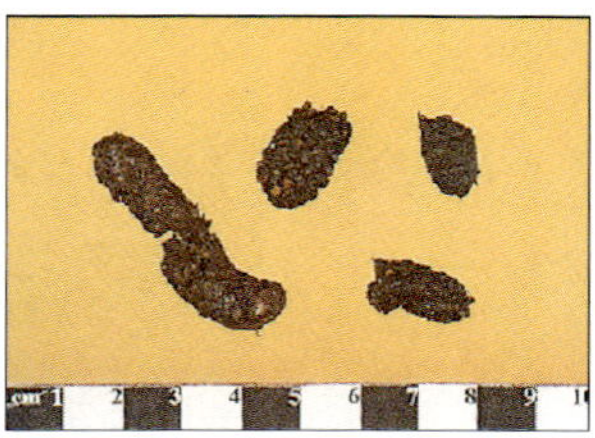

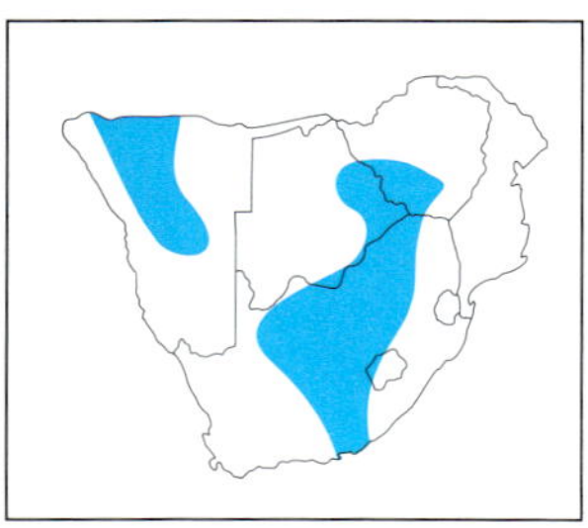

Beschreibung Der Körper ist mit schwarz und blaßgelb beringten Stacheln bedeckt. Die Stacheln beginnen auf der Stirn, sind hinter den Ohren, auf dem Rücken, an den Flanken und an den Seiten, wie ein "Mantel". Die Beine und der Schwanz sind bedeckt mit graubraunen Haaren. Das Gesicht wird umrahmt von einem Streifen weißer Haare, der auf der Stirn beginnt und nach beiden Seiten über die Augen bis zu den Ohren reicht. Der Rest des Gesichts ist dunkelbraun oder schwarz und hat eine spitze Schnauze.

Geschlechtsunterschied Keiner.

Habitat Sind überall dort, wo genug Insekten und trockene Verstecke zu finden sind.

Gewohnheiten Igel sind hauptsächlich Nachttiere. Man sieht sie gelegentlich nach Regenschauern auch am Tag. Gewöhnlich schlafen sie tagsüber zusammengerollt unter Blättern, dichtem Gras, Gebüsch oder in Löchern. Die Wahl des Rastplatzes wechselt täglich. Nur wenn das Weibchen Junge hat, bleibt es für längere Zeit an der gleichen Stelle, bis die Jungen ihr folgen können. Ihr Sehvermögen ist schlecht, dafür haben sie einen hervorragenden Geruchssinn und finden auch unter der Erde ihre Beute, die sie dann ausgraben. Den Winter verbringen sie im Winterschlaf und verlassen nur zeitweise ihr Nest, wenn es wärmer ist. Igel kommen auch außerhalb der Naturschutzgebiete noch relativ häufig vor.

Lautäußerungen Schnaufen, Schnauben und Knurren oder ein schriller Alarmschrei.

Nachwuchs Ein bis neun Junge werden zwischen Oktober und April nach etwa 5 Wochen Tragzeit geboren.

Auch Südafrikanischer Igel.

Burger Cillié

Burger Cillié

Stachelschwein

Cape Porcupine
Hystrix africaeaustralis

Gewicht ♂ 10–19 kg.
♀ 10–24 kg.

Nahrung Knollen, Wurzeln, auch Gemüse wie Kürbisse und Melonen.

Lebenserwartung
± 20 Jahre.

Feinde Löwe, Leopard, Karakal.

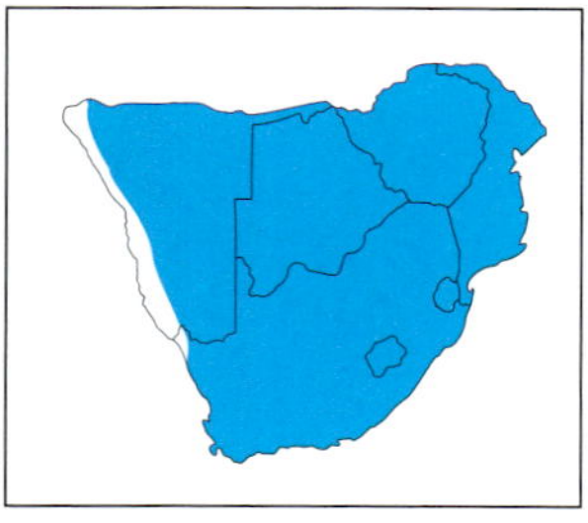

Beschreibung Das Stachelschwein ist in diesen Gebieten das größte Nagetier. Über seinen ganzen Leib sind schwarze, harte Stacheln und platte schwarze Borsten verteilt. Die Stacheln sind weiß mit schwarzen Ringen und etwa 30 cm lang. Der Stachelkamm auf Hals und Rücken ist länger und dünner. Dieser kann aufgerichtet werden und das läßt ihn vor allem nachts doppelt so groß aussehen. Der Rest des Körpers und Gesichts ist mit groben schwarzen Haaren bedeckt, wie auch die kurzen, schwarzen Beine.

Geschlechtsunterschied Weibchen gewöhnlich größer als Männchen.

Habitat Sehr anpassungsfähig und überall zu finden, nur nicht in Wäldern und Wüsten.

Gewohnheiten Meist Einzelgänger, doch benutzen drei und mehr Tiere gemeinsam einen Bau. Gehen weit auf Nahrungssuche. Laufen recht schnell, wenn verfolgt. Können beträchtlichen Schaden in Feldern und Gemüsegärten anrichten. Man sagt, daß Stachelschweine ihre Stacheln auf Verfolger abschießen. In Wirklichkeit jedoch kehren sie ihr Hinterteil dem Verfolger entgegen, und die lose sitzenden Stacheln bleiben im Feind stecken. Diese Stacheln können böse Entzündungen hervorrufen, da sie im betroffenen Tier abbrechen und steckenbleiben. Löwen und Leoparden leiden gelegentlich darunter.

Lautäußerungen Knurren, Schnaufen und rasselnde Schwanzstacheln bei Bedrohung.

Nachwuchs Ein bis vier Junge werden in Sommerregengebieten zwischen August und März, nach einer Tragzeit von etwa 3 Monaten geboren.

Auch Südafrikanisches Stachelschwein.

Anthony Bannister/Gallo

Anthony Bannister/Gallo

Buschhase

Scrub Hare
Lepus saxatilis

Gewicht ♂ 1,4–3,8 kg.
♀ 1,6–4,5 kg.

Nahrung Gräser, Blattwerk, Wurzelstöcke von Gräsern.

Lebenserwartung
± 7½ Jahre.

Feinde Leopard, Löwe, Karakal, Afr. Wildkatze, Serval, Afr. Wildhund, Afr. Zibetkatze.

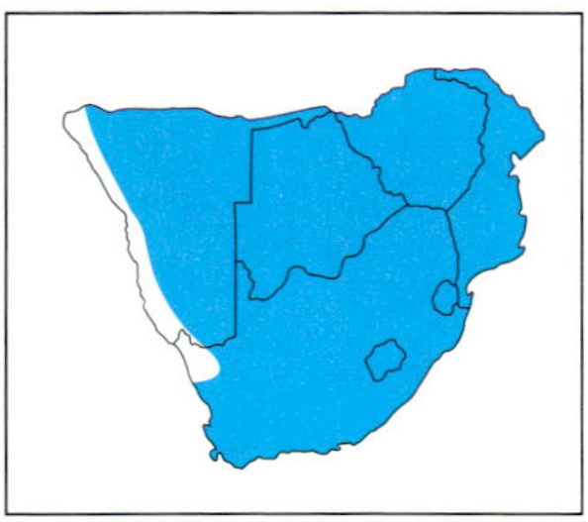

Beschreibung Die größere der beiden beschriebenen Hasenarten. Die Farbe ist fahlgelb mit grauschwarzen Sprenkeln. Kinn und Bauch sind weiß, mit Ausnahme eines fahlgelben Kragens. Der Nacken variiert zwischen ziegelbraun und orangegelb. Auf der Stirn befindet sich ein weißer Punkt. Der Schwanz ist oben schwarz, unten weiß, und die Pfoten sind stumpfgelb. Bevorzugt eine buschigere Landschaft als der Kaphase.

Geschlechtsunterschied Weibchen etwas größer als Männchen.

Habitat Gegenden mit genügend Gras und Gesträuch. Vermeiden offene Grasflächen und dichten Busch.

Gewohnheiten Ähnlich wie Kaphase: Nachtaktiv und einzellebend, manchmal paarweise. Frühmorgens und abends, sowie an bewölkten Tagen morgens zu sehen. Sie sind wetterempfindlich und bleiben bei Regen in ihrer Kuhle. Liegen tagsüber mit flachen Ohren im Gebüsch und laufen erst fort, wenn Gefahr in der Nähe ist. Noch häufig außerhalb der Naturschutzgebiete zu finden.

Lautäußerungen Stille Tiere, schreien jedoch laut in Not.

Nachwuchs Ein bis drei Junge werden irgendwann im Jahr nach einer Tragzeit von etwa 5 Wochen geboren.

Auch Strauchhase.

Ulrich Oberprieler

Burger Cilliè

Kaphase

Cape Hare
Lepus capensis

Gewicht ♂ 1,4–1,8 kg.
♀ 1,5–2,3 kg.

Nahrung Gräser, besonders kurzes Gras.

Lebenserwartung
± 5 Jahre.

Feinde Leopard, Karakal, Löwe, Afr. Wildkatze, Adler.

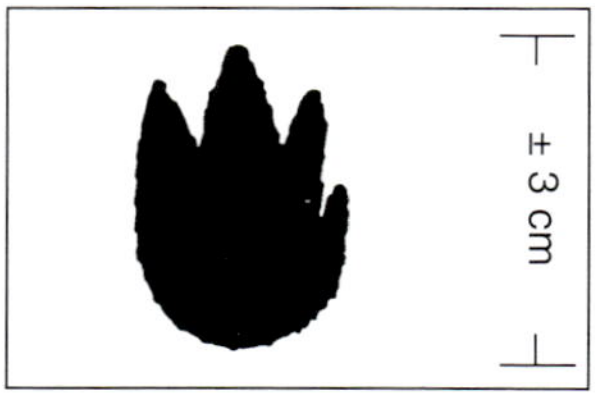

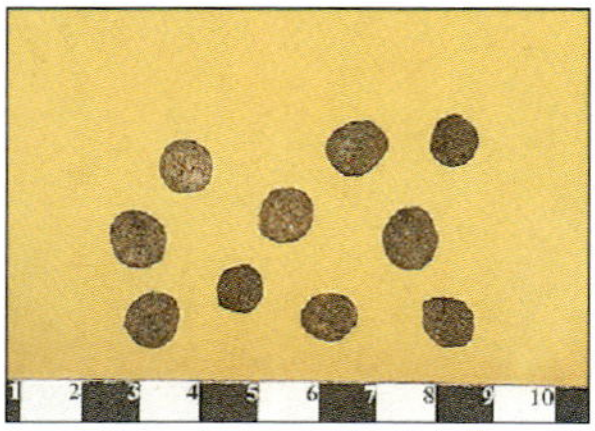

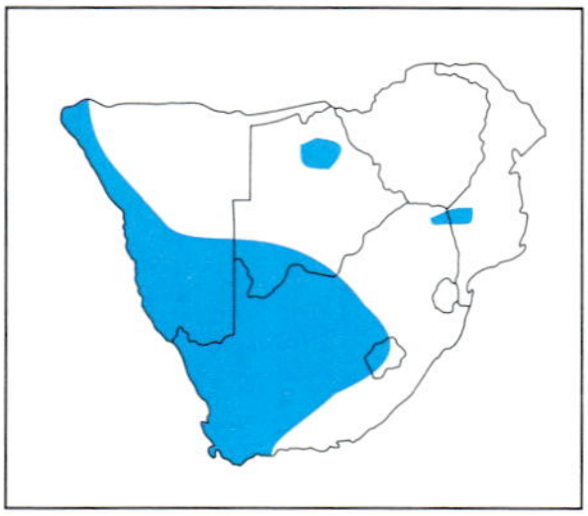

Beschreibung Die Färbung des Kaphasen variiert zwischen zwei Exremen: die aus feuchteren Gebieten sind fahlgelb mit schwarzgrauen Sprenkeln und haben einen fast rosabraunen Nackenfleck. Die aus trockeneren Gebieten sind grauweiß mit hellgrauem Nackenfleck. Gemeinsam haben sie ein oben schwarzes und unten weißes Schwänzchen. Um die Augen befindet sich ein hellgelblicher Haarsaum und oberhalb der Augen sind ovale hellbraune Flecken. Sie unterscheiden sich vom Buschhasen dadurch, daß sie kleiner sind und offene Standorte bevorzugen.

Geschlechtsunterschied Weibchen etwas größer als Männchen.

Habitat Offene trockene Grassavanne mit hohem Gras oder Büschen als Deckung.

Gewohnheiten Kaphasen sind einzellebende Nachttiere, die nur an bewölkten Tagen, oder sonst bei Sonnenauf- oder untergang zu sehen sind. Sie sind recht wetterempfindlich und kommen bei Regen garnicht aus dem Bau. Tagsüber liegen sie mit angelegten Ohren geschützt im hohen Gras oder Gesträuch. Bei nahender Gefahr bleiben sie bis zum letzten Moment in dieser Stellung, ehe sie aufspringen und weglaufen. Sie sind schnelle Läufer und schlagen selbst bei hoher Geschwindigkeit gekonnt Haken. Ungleich dem Buschhasen suchen sie bisweilen Schutz in alten Erdferkel – und Springhasenbauen. Sie kommen noch außerhalb Naturschutzgebieten vor.

Lautäußerungen Leises Grunzen, in Not lautes Schreien.

Nachwuchs Ein bis drei Junge werden irgendwann im Jahr (vor allem im Sommer) geboren nach einer Tragzeit von etwa 6 Wochen.

Peter Lillie/Gallo

Clem Haagner

Felsenhase

Red Rock Rabbits
Pronolagus spp.

Gewicht 1,3–3,1 kg.

Nahrung Frische Grasnarbe ausschlägt nach Brand.

Alter
unbekannt

Feinde Leopard, Karakal, Afr. Wildkatze.

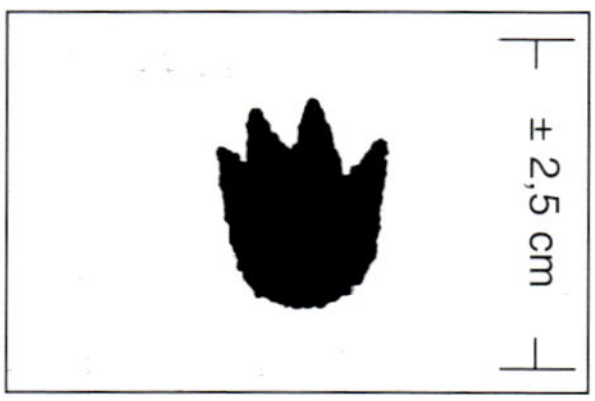

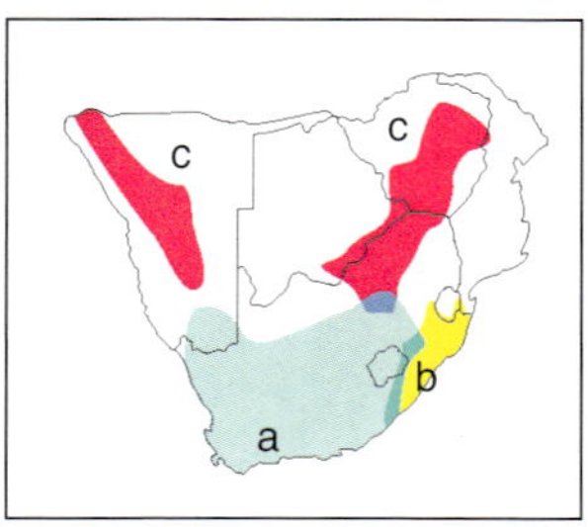

Unterschiede zwischen Hasen und Kaninchen Der Felsenhase ist eigentlich ein Kaninchen. Hasen haben längere Hinter- als Vorderbeine und dies ist bei Kaninchen weniger ausgeprägt. Hasen werden mit offenen Augen und mit Fell geboren und sind früh unabhängig. Kaninchen dagegen sind fast nackt, haben geschlossene Augen und sind länger abhängig. Der Schwanz und die Füße der Kaninchen sind rötlichbraun, während die der Hasen schwarze Spitzen haben.

Beschreibung Von den drei Arten des Felsenhasen die hier vorkommen nämlich (a) **Smith**-, (b) **Natal**- und (c) **Jameson**-Felsenhase, ist der Natal-Felsenhase der größte und der Smith-Felsenhase der kleinste. Die Gewohnheiten sind fast gleich, und auch die Lebensbedingungen und das Aussehen ähneln sich sehr. Das rotbraune Fell ist dick und rauh, mit rostfarben bis schwachgelber Unterseite. Alle drei Arten haben weißes oder weißgraues Kinn und Wangen, die sich vom Rest des Körpers unterscheiden; nur beim Natal-Felsenhasen verläuft diese Farbe in breitem Streifen unter dem Kinn entlang bis zum unteren Halsrand.

Geschlechtsunterschiede Keine.

Habitat Felsiges Gelände wie Steilabhänge, Felsränder und Schluchten mit essbarem Gras. Bewegen sich nie weit weg von ihrem Bau.

Gewohnheiten Gewöhnlich Einzelgänger, aber gehören zu einer Gruppe mit gemeinsamem Kotplatz. Tagsüber schlafen sie auf Felsrändern und in Felsritzen, manchmal in dichtem Gras, wo sie schwer aufzuscheuchen sind. Zum Sonnenuntergang verlassen sie ihren Schlafplatz und fressen nachts.

Lautäußerungen Schreit schrill, wenn erschreckt.

Nachwuchs Wahrscheinlich werden 1 bis 2 Junge im Sommer geboren.

Pat Donaldson/Gallo

Burger Cillié

Springhase

Springhare
Pedetes capensis

Gewicht 2,5–3,0 kg.

Nahrung Gräser, Blätter, Wurzeln, Wurzelstöcke.

Lebenserwartung ± 7 Jahre.

Feinde Streifenschakal, Schabrackenschakal, Schabrackenhyäne,Tüpfelhyäne Gepard, Leopard, Löwe.

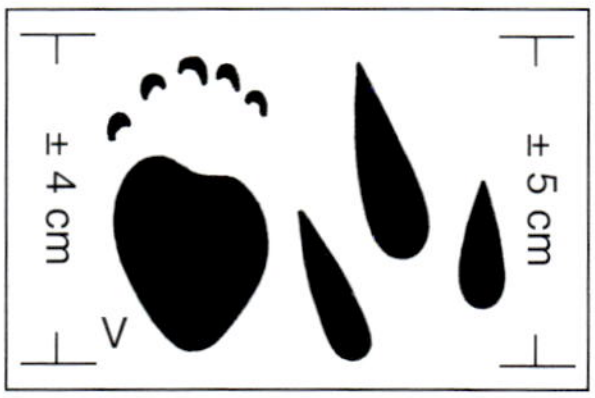

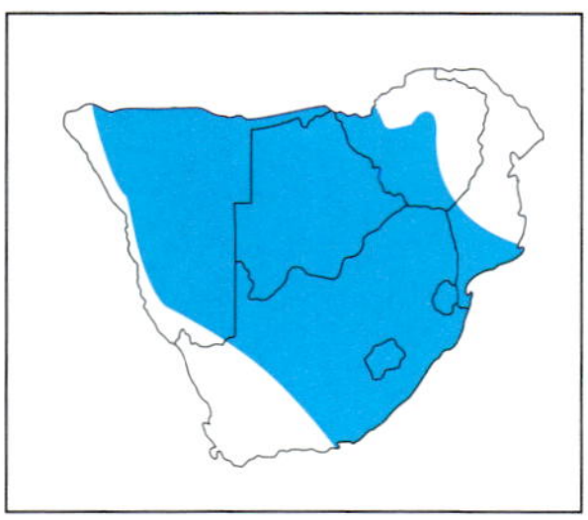

Beschreibung Diese Nager haben Ähnlichkeit mit Känguruhs durch ihre kurzen Vorderbeine und langen, kräftigen Hinterbeine. Sie sind hellbraun bis gelbbraun, mit weißem Kinn und weißlichem Bauch. Der lange Schwanz ist rötlich und endet in einer schwarzen, buschigen Spitze. Sie haben lange schwarze Schnurrbarthaare. Die Augen sind auffallend groß. Starke, krumme Krallen an den Vorderpfoten dienen zum Graben. Die Ohren sind schmal und aufrecht.

Geschlechtsunterschied Keiner.

Habitat An Flüssen oder bei Pfannen mit sandigem Schlammgrund. Meiden harten Boden.

Gewohnheiten Springhasen sind Nachttiere, die erst nach Dunkelheit ihren Bau verlassen. Der Bau wird hoch gelegen gegraben, um Wassereinfall zu verhindern. Er kann mit mehreren Eingängen und verzweigten Gängen recht kompliziert sein. Springhasen können gut graben: mit den Vorderpfoten wird der Boden aufgelockert, mit den starken Hinterbeinen nach hinten weggeschoben. Ein Bau wird nur von einem einzigen Tier bewohnt. Ihre Fortbewegung ist sprungartig und ausschließlich auf den Hinterbeinen, die Vorderbeine werden dicht am Körper gehalten.

Lautäußerungen Normalerweise stumm, schriller Angstschrei.

Nachwuchs Ein Junges wird irgendwann im Jahr nach einer Tragzeit von etwa 10½ Wochen geboren, selten zwei Junge.

Keith Begg/Gallo

Clem Haagner

Kapborstenhörnchen

Ground Squirrel
Xerus inaurus

Gewicht ♂ 511–1 022 g.
♀ 511–795 g.

Nahrung Blätter, Grasstengel, Wurzelknollen, Samen, Wurzeln, manchmal Insekten.

Lebenserwartung
± 15 Jahre.

Feinde Schabrackenschakal, Schabrackenhyäne, Leopard, Löwe, Karakal, Adler.

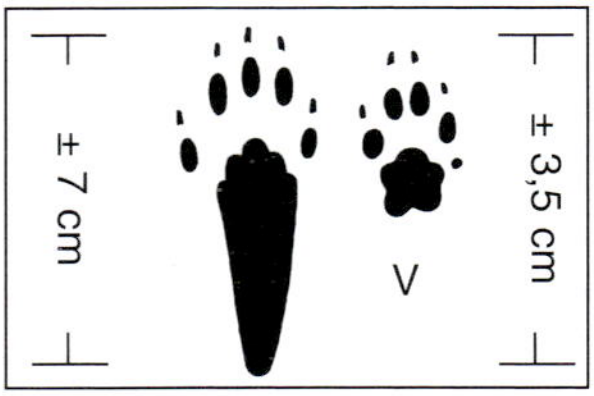

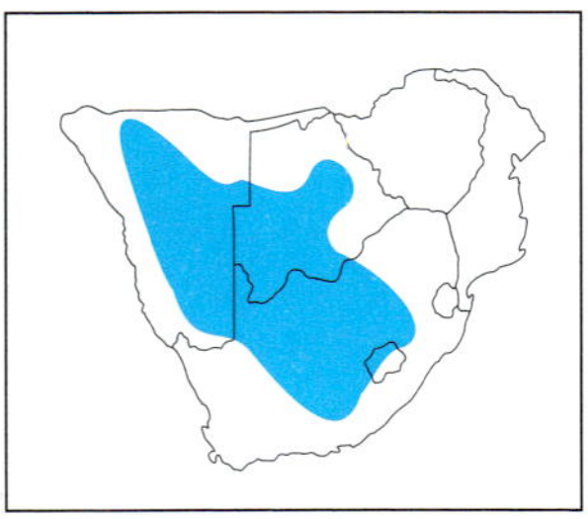

Beschreibung Hellzimtfarben mit weißer Unterseite, weißen Längsstreifen an den Flanken und hellem Augenring. Keine äußere Ohrmuschel. Langer buschiger Schwanz, mit abwechselnd schwarzen und weißen Haaren und teiner weißen Spitze. Bei aufgerichtetem Schwanz fallen die langen Haare fast fächerartig und beschatten Kopf und Rücken des Tieres. Das sehr ähnliche Berghörnchen bevorzugt steinige Berghänge als Standort im Gegensatz zum Kapborstenhörnchen.

Geschlechtsunterschied Männchen etwas größer als Weibchen.

Habitat Offene Ebenen mit hartem, kalkigem Grund und spärlichem Gebüsch.

Gewohnheiten Kapborstenhörnchen sind tagaktiv und leben in Kolonien bis zu 30 Tieren. Sie graben ihre eigenen Bausysteme mit vielen Tunneln und Eingängen bis zu 80 cm unter der Erde; die Schlafhöhlen sind mit Gras gepolstert. Die Baue sind von weiblichen Tieren und Jungtieren bewohnt, die Männchen ziehen von Bau zu Bau und bleiben jeweils nur ein paar Wochen. Das dominierende Weibchen verjagt alle Fremdlinge aus der nächsten Umgebung des Baues. Kapborstenhörnchen verlassen ihre Baue erst nach Sonnenaufgang und kehren vor Sonnenuntergang zurück.

Lautäußerungen Hohes Pfeifen und Alarmschrei; aggressives Knurren.

Nachwuchs Ein bis drei Junge werden irgendwann im Jahr nach einer Tragzeit von 6 bis 7 Wochen geboren.

Auch Erdhörnchen.

Niel Cillié

Burger Cillié

Ockerfußbuschhörnchen

Gewicht ♂ 76–240 g, ♀ 108–265 g.

Nahrung Blätter, Blumen, Samen, Früchte, Baumrinde, gelegentlich Insekten.

Lebenserwartung ± 8 Jahre.

Feinde Leopard, Löwe, Karakal, Adler.

Tree Squirrel
Paraxerus cepapi

Beschreibung Farbe variabel: Körperoberseite wechselt zwischen gesprenkelt grau mit gelblichem Schein und hellbraun. Weiter im Süden sind die Beine ungesprenkelt. Die Flanken sind stets gelblicher, der Bauch wechselt zwischen weiß und beige. Der Schwanz ist lang, buschig und undeutlich schwarz gebändert. Beim Rotbauchbuschhörnchen sind Schwanz, Bauch und Beine gelber oder roter als der restliche Körper. Das Streifenhörnchen ist kleiner mit weißen Flankenstreifen, das Sonnenhörnchen größer mit ringförmig hellgestreiftem Schwanz.

Geschlechtsunterschied Keiner.

Habitat Leben in gemischten Gebieten mit Dornen und Mopanibäumen.

Gewohnheiten Einzeln, in südlicheren Gegenden auch in Gruppen von 1–2 Männchen, Weibchen und Jungtieren. Gruppenmitglieder erkennen sich am Geruch, und Fremdlinge werden verjagt. Fressen hauptsächlich am Boden, klettern bei Gefahr jedoch auf den nächsten Baum. Sie sind sehr wachsam und haben ein hervorragendes Gehör.

Lautäußerungen Vogelähnliches "Tschik-tschik-tschik..." oder ein gedehntes "Tschuk-Tschuk-Tschuk..." lauter und schneller werdend bis es in Rasseln übergeht.

Nachwuchs Ein bis drei Junge werden irgendwann im Jahr (vor allem zwischen Oktober und April) nach einer Tragzeit von 8 Wochen geboren.

Auch Rotschwanzhörnchen.

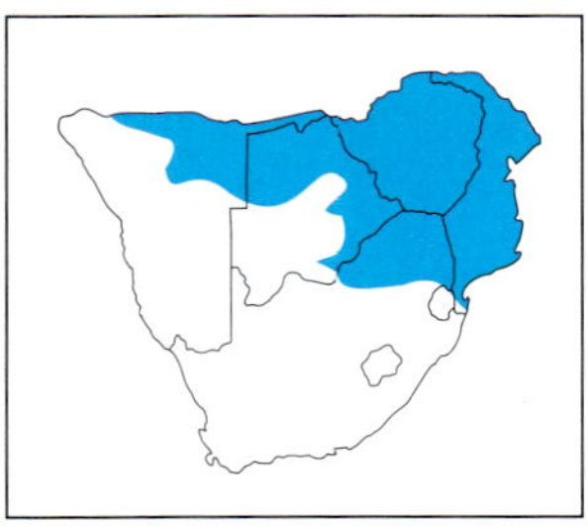

Ulrich Oberprieler

Burger Cillié

Gewicht ♂ ± 155 g.
♀ ± 150 g.

Nahrung Gummi, Heuschrecken, Motten, Spinnen. Trinkt kein Wasser.

Lebenserwartung
± 10 Jahre.

Feinde Leopard, Riesenohreule.

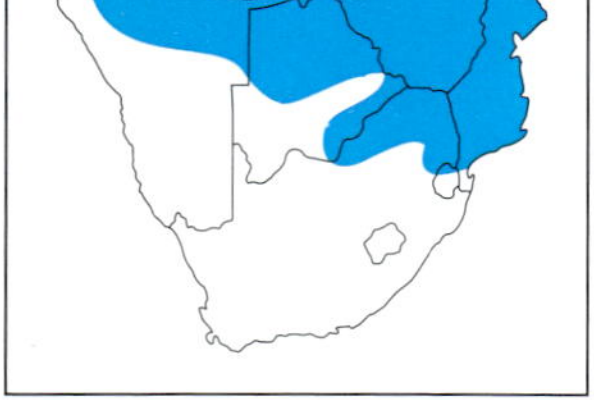

Nachtäffchen

South African Galago
Galago moholi

Beschreibung Dieser Halbaffe ist die kleinere der zwei Halbaffenarten; sein Fell ist viel dünner, weniger wollig (besonders am Schwanz) als das der Dickschwanzhalbaffen. Grants Kleiner Galago *Galagoides Granti*, ehedem eine Unterart des Kleinen Galago, ist bräunlicher, mit einem gelben Bauch und kommt in Mosambik und Simbabwe vor. Eine andere Unterart dieses Halbaffen, der Grant's Halbaffe (der mehr ostwärts lebt), ist brauner mit gelber Unterseite. Charakteristisch sind seine großen Augen, seine haarlosen, beweglichen Ohren und die sehr langen Hinterbeine. Nachts bei hellem Scheinwerferlicht reflektieren seine Augen rot.

Geschlechtsunterschiede Männnchen sind etwas größer als Weibchen.

Habitat Diese Baumsavannenart bevorzugt Mopane- und Dornbuschsavannen an Bächen und Wasserläufen.

Gewohnheiten Sie sind nachtaktive Gruppentiere, die am frühen Abend und wieder später in der Nacht, gerade vor Sonnenaufgang, aktiv sind. Kleine Gruppen schlafen während des Tages zusammen in einem Nest hoch oben im Baum oder im Loch eines hohlen Baumstamms. Sie waschen ihre Pfoten mit eigenem Urin und (besonders dominante Tiere) reiben ihre Brustdrüsen gegen andere Mitglieder der Gruppe und gegen Äste, um ihr Gebiet zu markieren. Während der Nahrungssuche und auf der Flucht können diese Halbaffen weite Sprünge zwischen Bäumen ausführen.

Lautäußerungen Heulend – nörgelnde Laute.

Nachwuchs Ein bis zwei Junge werden zwischen Oktober und November oder Januar und Februar nach einer Tragzeit von etwa 4 Monaten geboren.

Auch Kleiner Galago, Kleinerer Steppengalago.

Clem Haagner/Gallo

Riesengalago

Greater Galago
Otolemur crassicaudatus

Beschreibung Der dickschwänzige Riesengalago ist die größere der beiden Galagoarten. Außer der besonderen Größe ist auch sein Fell viel dicker und wolliger als das des Kleinen. Besonders auffallend ist sein langer dicker Schwanz, seine charkteristisch großen Augen und seine kahlen, beweglichen Ohren. Wie bei dem Kleinen Galago sind die Hinterbeine sehr lang und kraftvoll entwickelt (im Vergleich zu den Vorderbeinen) für weite Sprünge zwischen Bäumen.

Geschlechtsunterschied Männchen etwas größer als Weibchen.

Habitat Gebirgs- und Küstenwälder, Buschdickicht mit hohem Regenfall und auch Galeriewälder in trockenen Gebieten.

Gewohnheiten Diese Galagos sind scheue, in Gruppen lebende Tiere. Sie sind Nachttiere und nur zeitweise in der Nacht aktiv. Sie kommen einige Zeit nach Sonnenuntergang hervor und reinigen sich erst selbst, bevor sie zu fressen beginnen. Die Familiengruppe schläft während des Tages hoch im Baum in dichtem Blätterwerk, aber während der Nacht sucht jeder alleine seine Nahrung. Riesengalago haben die Angewohnheit, auf ihre Füße zu urinieren und sich gegenseitig und ihr Gebiet mit ihren Brustdrüsensekreten zu markieren.

Lautäußerung Drohendes, heiseres, Heulen.

Nachwuchs Zwei Junge werden zwischen August und September nach einer Tragzeit von etwa 4 Monaten geboren.

Auch Dickschwänziger Galago, Afrikanischer Halbaffe.

Gewicht ♂ ± 1,22 kg.
♀ ± 1,13 kg.

Nahrung Früchte, Baumharz, Insekten.

Lebenserwartung Unbekannt.

Feinde Große Eulen und wilde Katzen.

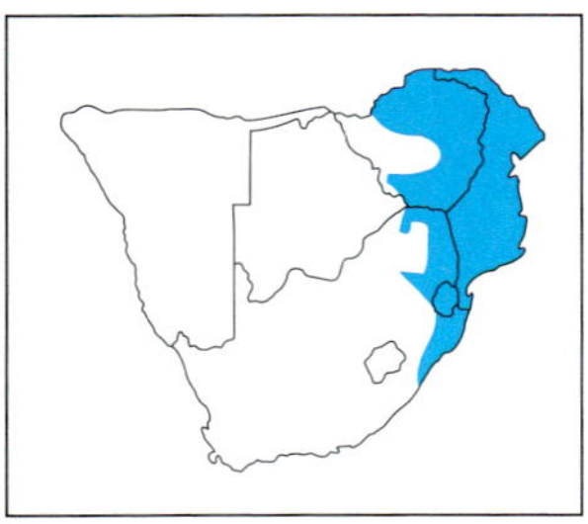

Niel Cillié

Burger Cillié

Grünmeerkatze

Vervet Monkey
Cercopithecus aethiops

Gewicht ♂ 3,8–8,0 kg.
♀ 3,4–5,2 kg.

Schwanzlänge
± 65 cm.

Nahrung Hauptsächlich Wildfrüchte, Blumen, Blätter, Samen, Insekten, Vögel.

Lebenserwartung
± 12 Jahre.

Feinde Leopard, Löwe, Karakal, Adler.

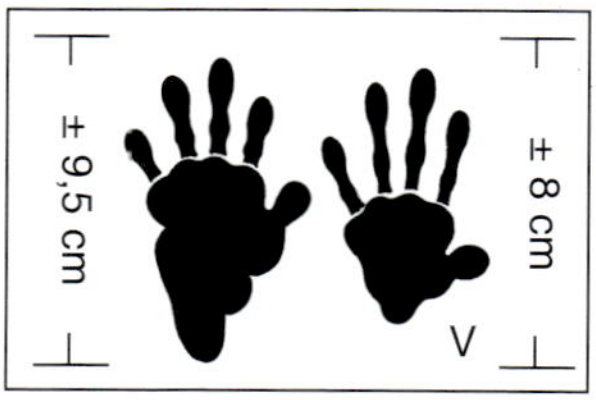

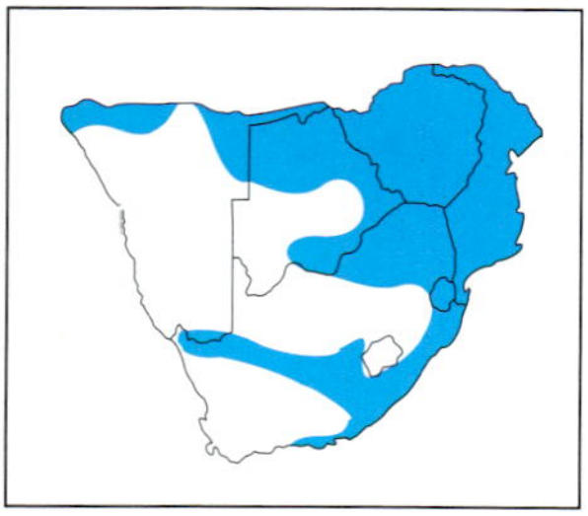

Beschreibung Ein kleiner hellgrauer Affe mit auffallend langem Schwanz. Die Unterseite und Flanken sind heller als die oberen Körperteile. Das Gesicht ist schwarz mit weißem Haarkranz. Die Füße und die Schwanzspitze sind dunkel. Die Genitalien des Männchens sind hellblau. Er unterscheidet sich von der Diademmeerkatze durch geringere Größe, hellere Farbe und fehlendes Schwarz an Schultern und Beinen.

Geschlechtsunterschied Männchen größer als Weibchen.

Habitat Bevorzugen baumreiche Gelände, besonders an Flussufern und in der Nähe menschlicher Siedlungen.

Gewohnheiten Diese flinken Kletterer, die noch außerhalb der Naturschutzgebiete vorkommen, sind tagaktiv und bilden Horden bis zu 20 Tieren. Es besteht eine Hierarchie innerhalb der Gruppe, allerdings etwas schwächer ausgeprägt als bei Pavianen. Jeder richtet seine Aggression auf den Affen des niedrigeren Ranges, indem er ihn jagt oder nur die Augenbrauenhochzieht. Die Nacht wird auf hohen Bäumen verbracht, Nahrungssuche findet bevorzugt frühmorgens statt. Während der heißen Tageszeit wird geruht und am frühen Nachmittag zum Schlafplatz zurückgekehrt.

Lautäußerungen Schwätzende und stotternde Geräusche. Notruf der Jungen ist ein schriller Schrei.

Nachwuchs Ein Junges wird irgendwann im Jahr nach einer Tragzeit von etwa 7 Monaten geboren, ausnahmsweise auch zwei.

Burger Cillié

♂

♀

Burger Cillié

Weißkehlmeerkatze

Blue Monkey
Cercopithecus mitis

Gewicht ♂ 8,2–10,0 kg.
♀ 4,5-5,2 kg.

Schwanzlänge
± 80 cm.

Nahrung Hauptsächlich wilde Früchte, Blüten, Blätter und Insekten.

Lebenserwartung
Unbekannt.

Feinde Leopard.

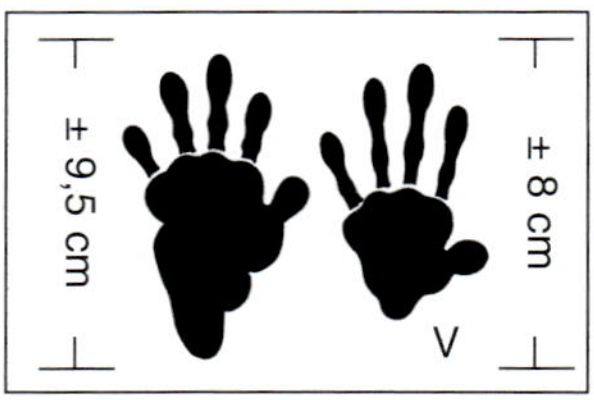

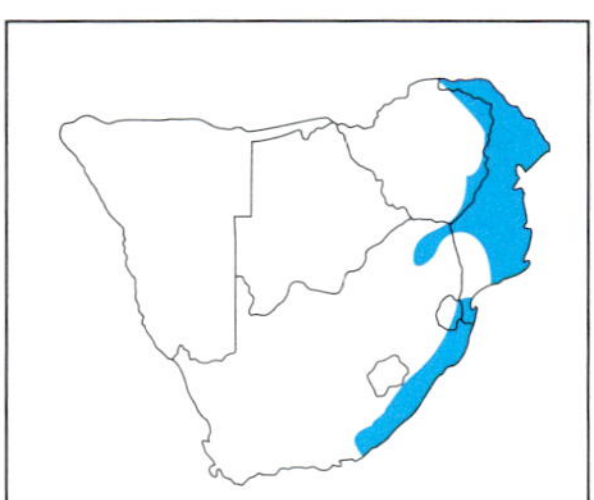

Beschreibung Dieser seltene und wenig bekannte Affe hat einen auffallend langen Schwanz. Schultern, Beine und ein Großteil des Schwanzes sind schwarz. Das Gesicht ist dunkelbraun und von hellerem Haar umrahmt. Brust und Bauch sind mattgelb. Der Rest des Körpers ist hellbraun und dunkelt mit zunehmendem Alter nach. Die Hinterbeine sind sehr lang. Dieser Affe unterscheidet sich von der Grünmeerkatze, weil er größer ist und durch die dunklere Färbung, besonders der Beine. Er lebt nur im dichten hohen Busch.

Geschlechtsunterschied Männchen größer als Weibchen.

Habitat Baumbewachsene Berge, Flussufer, Küsten und auch trockene Gegenden.

Gewohnheiten Sind scheue Tagestiere, die sich meist in Bäumen aufhalten. Sie bilden Gruppen aus 4–30 Tieren, bestehend aus einem oder mehreren ausgewachsenen Männchen, sowie Weibchen und Jungtieren. Nachts schlafen sie oben in Bäumen und sind während der heißen Tageszeit im dichten Laubschatten. Morgens sonnen sie sich vor der Nahrungssuche, die durch Rastpausen unterbrochen wird. Diese Affen sind nicht sehr aggressiv – eine gebräuchliche Form der Einschüchterung ist ein Vorschieben des Kopfes mit gehobenen Augenbrauen.

Lautäußerungen Ein hoher vogelähnlicher Laut oder ein “njah” als Alarmruf. Weibchen und Junge schreien und schnattern.

Nachwuchs Ein Junges wird zwischen September und April nach einer Tragzeit von etwa 4 Monaten geboren.

Auch Diademmeerkatze.

Roger de la Harpe/KZN Parks

♀

♂

Clem Haagner/Gallo

Bärenpavian

Baboon
Papio hamadryas ursinus

Gewicht ♂ 27–44 kg.
♀ 4–17 kg.

Schwanzlänge
± 60 cm.

Nahrung Wilde Früchte, Beeren, Insekten, Skorpione.

Lebenserwartung
± 18 Jahre.

Feinde Leopard, Löwe.

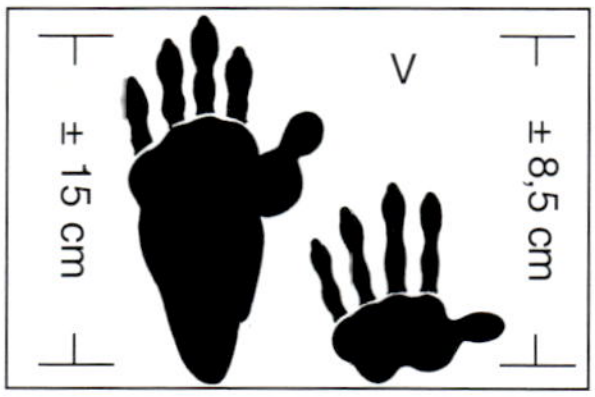

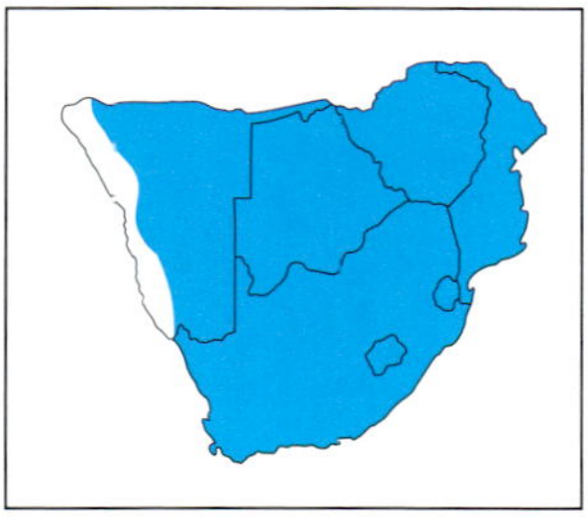

Beschreibung Typisch für den Bärenpavian ist die Art und Weise, wie er seinen Schwanz trägt, nämlich das erste Drittel aufwärts, der Rest wie abgeknickt herabhängend. (Sichelschwanz) Die Hinterpartie weist rosa Gesäßschwielen auf. Paviane haben ein längliches Gesicht, die Nasenöffnungen liegen am vorderen Ende der Schnauze. Die Beine sind im Verhältnis lang, die Füße länger als die Hände. Die Körperfarbe wechselt von graugelb über Brauntöne bis fast schwarz bei älteren Männchen. Bärenpaviane sind bei der Geburt dunkel und haben ein rosa Gesicht.

Geschlechtsunterschied Männchen sind größer und aggressiver als Weibchen.

Habitat Sehr anpassungsfähig, bevorzugen bergige und baumreiche Gebiete.

Gewohnheiten Paviane leben in Horden von etwa 70 Tieren mit ausgeprägter Hierarchie. Einem Leitmännchen unterstehen ein oder mehrere dominante Männchen mit ihren Familien. Von früher Kindheit an wird die Rangordnung der Gruppe ständig erkämpft. Nachts schlafen Paviane auf hohen Felsen oder Bäumen, die sie frühmorgens zur Nahrungssuche verlassen, um am späten Nachmittag zurückzukehren. Während die Gruppe auf Nahrungssuche geht, nehmen die männlichen Tiere Wachposten ein. Kleine Säuglinge klammern sich am Bauch der Mutter fest, reiten jedoch auf ihrem Rücken, sobald sie etwas älter sind.

Lautäußerungen Knurren, Bellen und ein lautes "Baan-tschom" der Männchen, Schreien und Schnattern der Jungen.

Nachwuchs Ein Junges wird irgendwann im Jahr nach einer Tragzeit von etwa 6 Monaten geboren, selten zwei.

Auch Tschakma Pavian.

♂

Burger Cillié

♀

Nigel Dennis/Gallo

Spitzmäuse (Familie SORICIDAE) sind kleine mausartige Tierchen mit langen, spitzen Schnauzen, kleinen runden Ohren, schmalen Augen und Moschusdrüsen auf den Flanken. Sowohl nacht- als auch tagaktiv.

Naas Rautenbach

Kleine Rote Wimperspitzmaus

Crocidura hirta

Lesser Red Musk Shrew

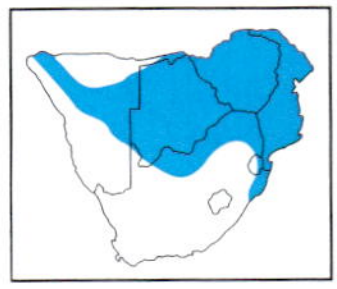

Obere Körperteile variieren von graubraun bis hellbraun, mit grau-weißen Unterteilen und kurzen Schwänzen. Häufig in Stadtgärten, wo sie in Komposthaufen nisten.

Länge: ± 15 cm. **Gewicht:** ± 16 g. **Habitat:** Feuchtes Unterholz; nisten in Komposthaufen. **Nahrung:** Insekten und Regenwürmer. **Nachwuchs:** 1–9 Junge werden von September bis Mai geboren.

Elefantenspitzmäuse (Familie MACROSCELIDIDAE) haben rüsselartige Schnauzen, große Augen und Ohren und kräftige Hinterbeine. Trommeln mit den Hinterpfoten wenn verängstigt.

Naas Rautenbach

Klippen-Elefanten-Spitzmaus

Elephantulus myurus

Eastern Rock Elephant Shrew

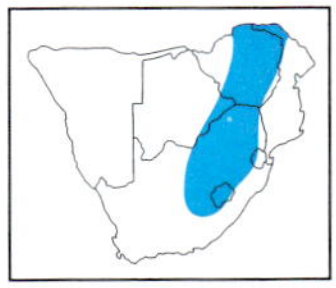

Grauer als die anderen Rüsselspringer. Flanken gelb-grau und Bauch weiß. Die Flecken hinter den Ohren sind gelbbraun. Leben in Felsspalten, sind Dämmerungsaktiv; sonnen sich am Spätnachmittag.

Länge: ± 26 cm. **Gewicht:** ± 60 g. **Habitat:** Kommen nur in felsigen Gebieten vor. **Nahrung:** Insekten, bevorzugen Ameisen und Termiten. **Nachwuchs:** Ein bis zwei Junge werden von September bis April geboren.

Goldmulle (Familie CHRYSOCHLORIDAE) haben keine sichtbaren Augen, Ohren oder Schwänze; die langen Krallen und schaufelartigen Schnauzen werden zum Graben benutzt.

Naas Rautenbach

Hottentotten-Goldmull

Amblysomus hottentotus

Hottentot Golden Mole

Die oberen Körperteile haben eine dunkle rotbraune Färbung und schimmern lila oder bronzefarben. Im Gesicht sind winzige weiße Augentupfen. Sie graben unter der Erdoberfläche und hinterlassen keine Hügel wie die Maulwurfratten.

Länge: ± 13 cm. **Gewicht:** ± 75 g. **Habitat:** Grasland auf Sandboden. **Nahrung:** Insekten, Regenwürmer, Schnecken und Pflanzliches. **Nachwuchs:** Ein bis zwei Junge werden im Frühsommer geboren.

Flughunde (Familie PTEROPODIDAE) haben hundähnliche Gesichter und große Augen. Krallen am ersten und zweiten Flügelglied unterscheiden sie von Fledermäusen.

Gambischer (Peters) Epauletten-Flughund

Epomophorus gambianus crypturus

Gambian Epauletted Fruit Bat

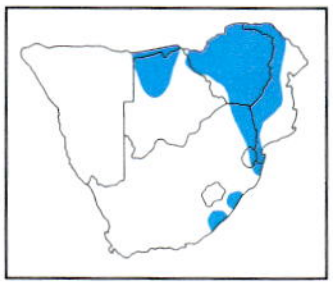

Bräunlich bis fast weiß in der Färbung. Weiße Flecken am Ohrenansatz; Männchen hat weiße Epauletten auf den Schultern. Nachts hört man den monotonen Glockenruf der Männchen.

Länge: ± 12–15 cm. **Gewicht:** ± 80–140 g. **Habitat:** Galeriewälder; Wälder mit Fruchtbäumen. **Nahrung:** Weiche Früchte, wie Wildfeigen. **Nachwuchs:** Ein Junges (selten zwei) wird im Frühsommer geboren.

Naas Rautenbach

Wahlberg-Epauletten-Flughund

Epomophorus wahlbergi

Wahlberg's Epauletted Fruit Bat

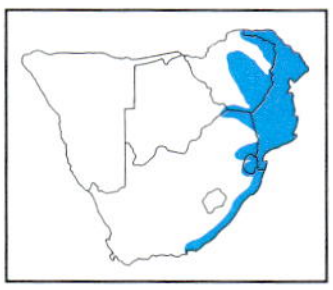

Wie vorige Gattung. Tagsüber schlafen die Kolonien in Baumkronen.

Länge: ± 14 cm. **Gewicht:** ± 70–110 g. **Habitat:** Galeriewälder und andere Wälder mit Fruchtbäumen. **Nahrung:** Weiche Früchte, wie Wildfeigen, Moepel und Schakalbeeren. **Nachwuchs:** Ein Junges wird Mitte November bis Ende Dezember geboren.

Naas Rautenbach

Ägyptischer Flughund

Rousettus aegyptiacus

Egiptiese

Egyptian Rousette

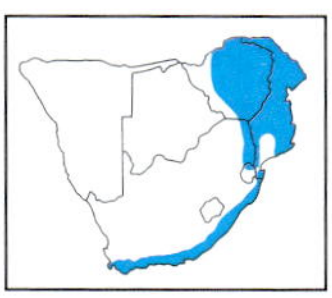

Oberteile sind dunkel- bis graubraun, Unterteile sind grau. Hat einen gelblichen Kragen und eine braune Kehle. Riesige Kolonien ruhen tagsüber in Höhlen. Navigieren mit Echolot.

Länge: ± 15 cm. **Gewicht:** ± 130 g. **Habitat:** Gebiete mit Höhlen und reifen Wildfrüchten. **Nahrung:** Weiche Früchte. **Nachwuchs:** Ein Junges wird im Spätwinter (Norden) oder Frühsommer (Süden) geboren.

Naas Rautenbach

Insektenfressende Fledermäuse: Die Schwänze der Glattnasen-Freischwänze (Familie EMBALLONURIDAE) sind teilweise in eine Flughaut gehüllt. Sie haben große Augen und dreieckige Ohren.

Burger Cillié

Mauritius Grabflatterer

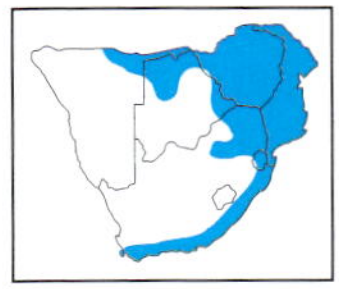

Taphozous mauritianus

Mauritian Tomb Bat

Die Oberteile sind grau meliert und die Unterteile sind weiß, das sich bis über die Flügel und die Schwanz-Flughaut ausdehnt. Sie leben paarweise und ruhen tagsüber flach an Baumstämmen oder Felswänden.

Länge: ± 11 cm. **Gewicht:** ± 28 g. **Habitat:** Offene Baumsavanne. **Nahrung:** Insekten. **Nachwuchs:** Ein Junges wird im Sommer geboren.

Freischwänze (Familie MOLOSSIDAE) haben bulldoggenartige Gesichter. Ihre Schwänze sind teilweise in eine Flughaut gehüllt, der restliche Schwanz ist nicht am Rand der hinteren Flughaut fest.

Naas Rautenbach

Ägyptische Freischwanz-Fledermaus

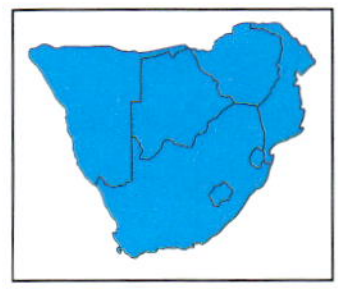

Tadarida aegyptiaca

Egyptian Free-tailed Bat

Sie sind dunkel graubraun in der Färbung, mit einem dunkleren Kopf; ihnen fehlt das hellere Kragenband der anderen Freischwänze. Sie ruhen in kleinen Kolonien in Höhlen, Felsspalten und ausgehöhlten Baumstämmen.

Länge: ± 11 cm. **Gewicht:** ± 15 g. **Habitat:** Unterschiedliche Habitate; meist in offenerer Landschaft. **Nahrung:** Insekten, die im Flug gefangen werden. **Nachwuchs:** Ein Junges wird im Sommer geboren.

Naas Rautenbach

Kleine Freischwanz-Fledermaus

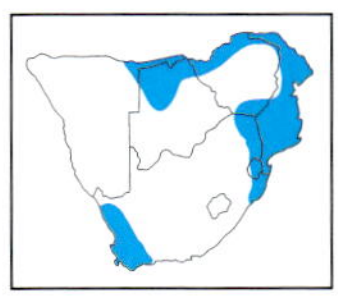

Chaerephon pumilus

Little Free-tailed Bat

Färbung variiert von schwarzbraun bis graubraun. Die Kehle ist braun und die Unterteile sind gelblich grau. Hat ein Kragenband von hellerem Haar. Viele bilden große Kolonien, aber gewöhnlich ruhen sie dicht beieinander in kleinen Gruppen in Felsspalten oder im Mauerwerk.

Länge: ± 9 cm. **Gewicht:** ± 11 g. **Habitat:** Unterschiedliche Habitate in offenerer Landschaft. **Nahrung:** Insekten, die im Flug gefangen werden. **Nachwuchs:** Ein Junges wird im Sommer geboren (kann bis zu dreimal in der Saison werfen).

Glattnasen (Familie VESPERTILIONIDAE) haben mäuseähnliche Gesichter ohne Nasenblätter. Die Ohren liegen weit auseinander und stehen hervor, und der Schwanz ist lang.

Schreibers Langflügel-Fledermaus *Miniopterus schreibersii*

Schreibers' Long-fingered Bat

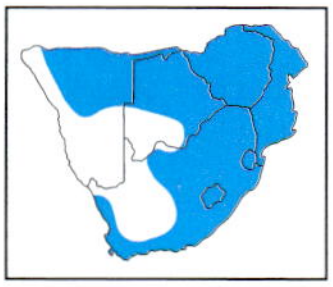

Oben sind sie dunkelbraun, unten etwas heller. Die Flügel sind fast schwarz. Tagsüber ruhen sie in großer Anzahl (bis zu 100 000) in Höhlen. Weibchen gebären ihre Jungen in Geburtshöhlen.

Länge: ± 11 cm. **Gewicht:** ± 10 g. **Habitat:** Unterschiedlich; von Trockengebieten bis wasserreichen Landstrichen. **Nahrung:** Insekten. **Nachwuchs:** Ein Junges wird nach einer Tragzeit von 8 Monaten im Sommer geboren.

Naas Rautenbach

Bananen-Fledermaus

Neoromicia africanus

Banana Bat

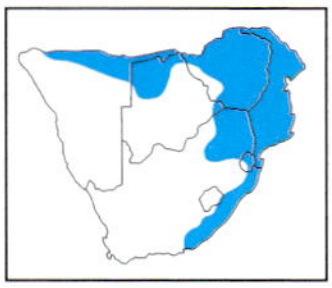

Färbung variiert von dunkel bis rötlichbraun. Unterteile sind heller. Haben ein großes Maul und dreieckige Ohren. Kleine Kolonien ruhen tagsüber in aufgerollten Blättern von Bananen oder Strelitzien.

Länge: ± 8 cm. **Gewicht:** ± 4 g. **Habitat:** Feuchte, bewaldete Gebiete mit Bananen oder Strelizienbäumen. **Nahrung:** Insekten. **Nachwuchs:** Ein Junges (selten zwei) wird im Frühsommer geboren.

Naas Rautenbach

Kap-Serotin-Fledermaus

Neoromicia capensis

Cape Serotine Bat

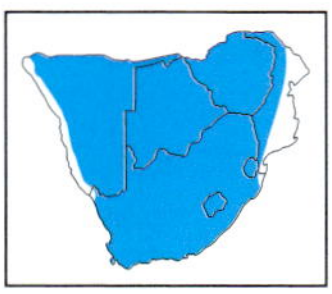

Dunkeles bis hellesgraubraun. Unterteile sind weiß bis gelblich-weiß, die Flügel sind dunkelbraun. Ruhen tagsüber zu zweien und dreien dicht aneinander gedrängt am Ansatz eines Aloenblattes oder unter Baumborke. Sie fliegen langsam, tauchen ab und drehen sich im Flug nach fliegenden Insekten.

Länge: ± 8,5 cm. **Gewicht:** ± 6 g. **Habitat:** Unterschiedlich; von Halbwüste bis zu Gebieten regenreichen. **Nahrung:** Kleine, weiche Insekten wie Mücken. **Nachwuchs:** Ein bis zwei Junge werden im Sommer geboren.

Naas Rautenbach

Schlitznasen-Fledermäuse (Familie NYCTERIDAE) haben lange Ohren und einen langen Schlitz in der Gesichtsmitte, wo die Nasenblätter sitzen. Die Ultraschallaute, die als Echolot dienen, entstehen hier.

Naas Rautenbach

Ägyptische Schlitznasen-Fledermaus

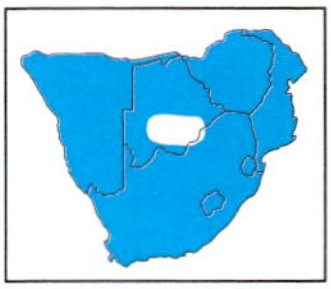

Nycteris thebaica
Egyptian Slit-faced Bat

Färbung variiert von grau- bis rostbraun mit helleren Unterteilen. Ruhen in großen Kolonien in Höhlen und strohgedeckten Hütten; gehen am frühen Abend auf Nahrungssuche und holen sich Spinnen und Skorpione vom Boden.

Länge: ± 10 cm. **Gewicht:** ± 11 g. **Habitat:** Unterschiedlich. **Nahrung:** Fliegende Insekten, Skorpione, Spinnen. **Nachwuchs:** Ein Junges wird im Frühsommer geboren.

Hufeisennasen (Familie RHINOLOPHIDAE) haben zwischen Mund und Stirn aufwendige Nasenblätter in Form eines Hufeisens.

Naas Rautenbach

Geoffroy-Hufeisennase

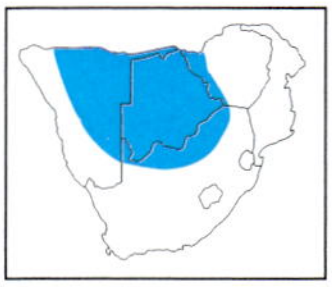

Rhinolophus clivosus
Geoffroy's Horseshoe Bat

Oben sind sie hellbraun und unten heller, gelbgrau. Kolonien ruhen tagsüber in Höhlen und Felsspalten; sie hängen in Trauben an der Decke. Sie gehen einzeln auf Nahrungssuche.

Länge: ± 9,7 cm. **Gewicht:** ± 17 g. **Habitat:** Savanne; auch Halbwüste. **Nahrung:** Insekten. **Nachwuchs:** Ein Junges wird im Sommer geboren.

Rundblattnasen (Familie HIPPOSIDERIDAE) ähneln den Hufeisennasen, aber ihnen fehlt der hintere dreieckige Aufsatz. Die Ohren sind groß und stehen weit auseinander.

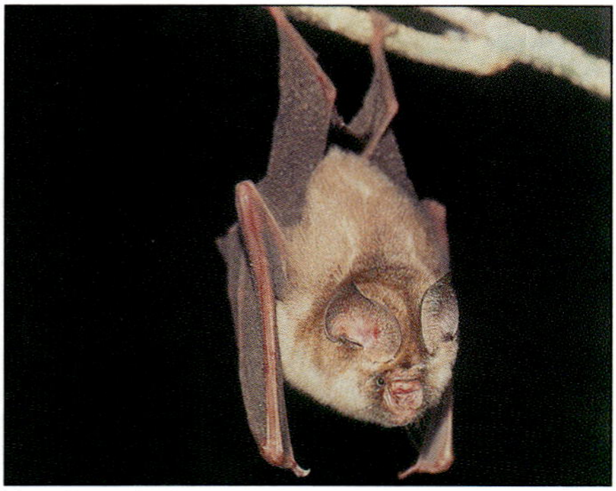

Naas Rautenbach

Sundevall-Rundblattnase

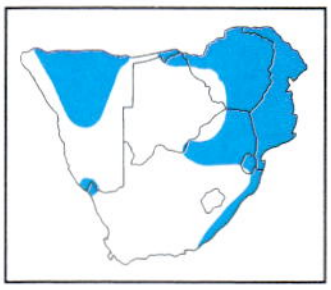

Hipposideros caffer
Sundevall's Roundleaf Bat

Färbung variiert von graubraun bis goldgelb. Die einzige kleine Fledermaus mit dieser besonderen Struktur der Nasenblätter. Tagsüber ruhen sie in Höhlen, unterirdischen Kanälen oder in Dächern.

Länge: ± 9 cm. **Gewicht:** ± 8 g. **Habitat:** Baumsavanne. **Nahrung:** Insekten. **Nachwuchs:** Ein Junges wird im Sommer geboren.

SANDGRÄBER (Familie BATHYERGIDAE) sind in Afrika, südlich der Sahara, einheimisch. Sie haben kurze Beine (die Füße sind zum Graben) und kräftige Zähne, die immerzu nachwachsen.

Hottentotten-Graumull

Cryptomys hottentotus

African Molerat

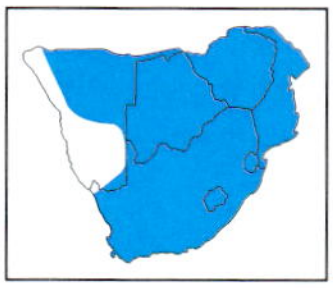

Hell- bis dunkelgrau mit einer weißen Blesse (nicht immer vorhanden) auf der Stirn. Kleine Gruppen leben in Wühlgängen, die durch Erdhaufen erkenntlich sind.

Länge: ± 15 cm. **Gewicht:** ± 100–150 g. **Habitat:** Bevorzugt sandigen Boden. **Nahrung:** Zwiebeln, Knollen, Grasläufer. **Nachwuchs:** Bis zu fünf Junge werden zu irgendeiner Jahreszeit geboren.

Naas Rautenbach

BILCHE (Familie MYOXIDAE) haben buschige Schwänze und ein weiches, dichtes Fell. Sie haben 4 Backenzähne (nicht 3 wie Ratten). Sie sind kleiner als Eichhörnchen; nachtaktiv.

Busch-Pinselschwanzbilch

Graphiurus murinus

Woodland Dormouse

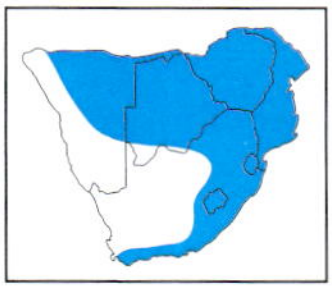

Grau mit dunklen Augenringen. Kehle und Unterteile sind weiß. Nachtaktiv; sie leben in Baumhöhlen oder in einem Nest aus Gras und Blättern.

Länge: ± 16 cm. **Gewicht:** ± 30 g. **Habitat:** Baum- und Buschsavanne und sogar in Wäldern. **Nahrung:** Wirbellose Tiere und Pflanzenmaterial. **Nachwuchs:** Bis zu drei Junge werden im Sommer geboren.

Naas Rautenbach

FELSENRATTEN (Familie PETROMURIDAE) sind tagaktive, hörnchenähnliche Tiere mit langen, haarigen (nicht buschigen) Schwänzen. Sie leben in felsigen Gebieten.

Felsenratte

Petromus typicus

Dassie Rat

Hörnchenähnlich, ohne buschigen Schwanz. Färbung variiert von graumeliert bis dunkelbraun mit weißer bis gelblicher Unterpartie. Tagaktiv; lebt in Familiengruppen auf Felsen. Sonnt sich morgens.

Länge: ± 30 cm. **Gewicht:** ± 200–250 g. **Habitat:** Felsige Gebiete. **Nahrung:** Blätter Blüten, Samen Früchte. **Nachwuchs:** Im Sommer werden zwei Junge geboren.

Naas Rautenbach

Mäuse und Ratten: Kleinere Nagetiere der Familien CRICETIDAE und MURIDAE. Die größeren Gattungen werden als Ratten bezeichnet und die kleineren als Mäuse.

Niel Cillié

Brants-Pfeifratte

Parotomys brantsii

Brants' Whistling Rat

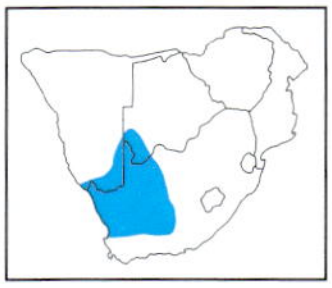

Die Färbung ist hell gelbbraun mit weißlichen Unterteilen. Sie sind frühmorgens aktiv und sonnen sich oft auf kleinen Zweigen am Höhleneingang . Die Höhlen haben mehr mehrere Ein- und Ausgänge.

Länge: ± 25 cm. **Gewicht:** ± 120 g. **Habitat:** Trockene, sandige Gebiete. **Nahrung:** Blätter von Sukkulenten; auch Samen und Früchte. **Nachwuchs:** Ein bis drei Junge werden im Sommer geboren.

Naas Rautenbach

Angoni-Lamellenzahnratte

Otomys angoniensis

Angoni Vleirat

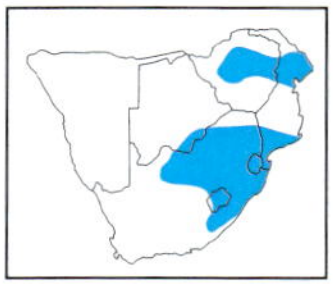

Hell- bis dunkelbraun mit grauen Unterteilen. Der sehr kurze Schwanz ist oben dunkler und unten heller, und die Ohren sind sehr groß. Größer als die ähnliche Lamellenzahnratte. Ein Nest aus Gras wird oberhalb der Wasserfläche errichtet, und Pfade führen zu den Futterstellen.

Länge: ± 30 cm. **Gewicht:** ± 100–250 g. **Habitat:** Teiche, Sümpfe und Moraste an Flußläufen. **Nahrung:** Gräser, Schilf und andere Pflanzen. **Nachwuchs:** Ein bis vier Junge werden im Sommer geboren.

Naas Rautenbach

Einzelstreifengrasmaus

Lemniscomys rosalia

Single-striped Grass Mouse

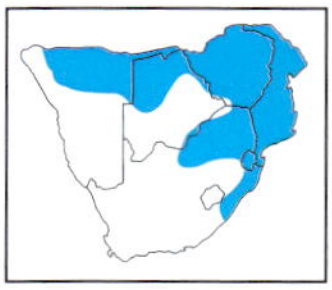

Helles graubraun in den trocknen Gebieten und fast orange-braun bel höherem Niederschlag. Die dunklen Längsstreifen auf dem Rücken sind charakteristisch. Tagaktiv und gewöhnlich Einzelgänger. Gräbt sich Erdlöcher unter dichtem Gras oder am Stamm von Sträuchern. Pfade führen zu den Futterstellen.

Länge: ± 27 cm. **Gewicht:** ± 60 g. **Habitat:** Grasflächen in Buschsavanne. **Nahrung:** Gräser, Samen. **Nachwuchs:** Zwei bis fünf Junge werden zwischen September und März geboren.

Vierstreifengrasmaus

Rhabdomys pumilio

Four-striped Grass Mouse

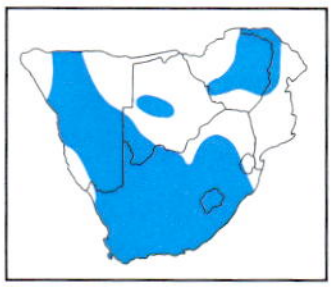

Die Färbung variiert vom hellen Ziegelbraun im Westen des Landes bis zu dunklem Graubraun im Osten. Vier markante Längsstreifen auf dem Rücken. Vorwiegend tagaktiv; gräbt sich Erdlöcher unter dichtem Gras oder am Stamm von Sträuchern mit Pfaden, die zu den Futterstellen führen. Leben oft in der Umgebung von Menschen.

Länge: ± 19 cm. **Gewicht:** ± 30–55 g. **Habitat:** Halbwüste bis regenreiche Gebirgsgegenden. **Nahrung:** Samen und anderes Pflanzenmaterial. **Nachwuchs:** Zwei bis neun (gewöhnlich fünf bis sechs) Junge werden im Sommer geboren.

Niel Cillié

Baummaus

Thallomys paedulcus

Acacia Rat

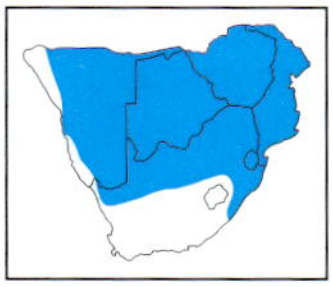

Gelbgrau mit weißem Unterteil. Der schwarze Augenring setzt sich in einer Linie bis zur Nase fort. Nachtaktiv; leben in Bäumen und nisten in Baumhöhlen oder übernehmen Nester von größeren Vögeln, die sie auspolstern. Ruhen tagsüber im Nest.

Länge: ± 30 cm. **Gewicht:** ± 100 g. **Habitat:** Baumsavanne, vor allem mit Akazien. **Nahrung:** Grüne Blätter, Schoten, Insekten. **Nachwuchs:** Zwei bis fünf Junge werden im Sommer geboren.

Naas Rautenbach

Namaqua-Felsenmaus

Aethomys namaquensis

Namaqua Rock Rat

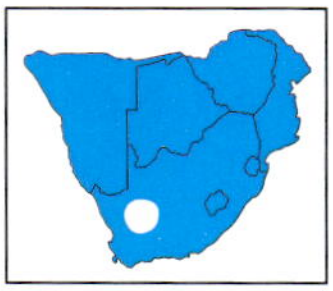

Rotbraun bis gelbbraun, mit weißen bis grauweißen Unterteilen Langer Schwanz. Nachtaktiv. Sie leben in Kolonien und nisten in Felsspalten, Baumhöhlen und unter Sträuchern. Anhäufungen von Gräsern und Pflanzenteilen für ihre Nester kennzeichnen ihre Anwesenheit.

Länge: ± 26 cm. **Gewicht:** ± 50 g. **Habitat:** Felsige Gebiete. **Nahrung:** Grassamen und andere Samen. **Nachwuchs:** Drei bis fünf (bis zu sieben) Junge werden im Sommer geboren.

Naas Rautenbach

Naas Rautenbach

Busch-Nacktsohlen-Rennmaus

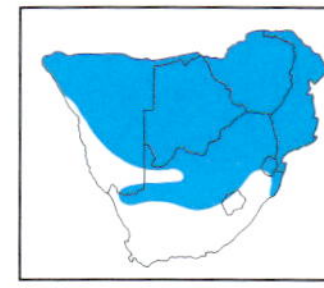

Tatera leucogaster
Bushveld Gerbil

Orangebraun bis rotbraun; heller im Westen des Landes. Der Schwanz ist oben schwarz. Nachtaktiv; leben in lockerem Verbund in Kolonien. Ein Paar gräbt gewöhnlich ein Erdloch mit Eingang unter einem Busch, das durch nächtlich frisch aufgeworfenes Erdreich erkenntlich ist.

Länge: ± 28 cm. **Gewicht:** ± 70 g. **Habitat:** Sandiger Boden. **Nahrung:** Grassamen und anderes Pflanzenmaterial; Insekten. **Nachwuchs:** Zwei bis neun Junge werden im Sommer geboren.

Naas Rautenbach

Kurzschwanz-Hamstermaus

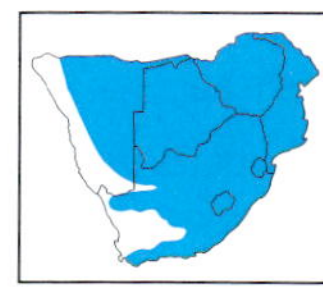

Saccostomus campestris
Wangsakmuis

Färbung im Westen des Landes grau und im Osten dunkleres graubraun; Kehle und Unterpartien sind weiß. Dicker Körper, großer Kopf und kennzeichnender kurzer Schwanz. Hamstert Futter in den Backentaschen, um es später in der Sicherheit des Erdlochs zu verzehren. Nachtaktiv.

Länge: ± 16 cm. **Gewicht:** ± 45 g. **Habitat:** Unterschiedlich; zieht Sandboden vor. **Nahrung:** Grassamen, Körner, Sträucher, Wildbeeren; selten Insekten. **Nachwuchs:** Zwei bis zelm Junge werden im Sommer geboren.

Naas Rautenbach

Graue Klettermaus

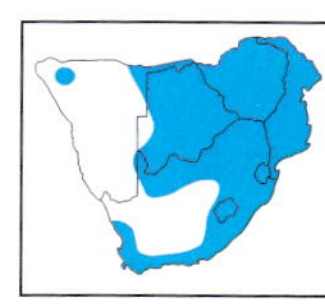

Dendromus melanotis
Grey Climbing Mouse

Obere Körperteile sind aschgrau (andere Klettermäuse sind kastanienbraun) mit einem dunklen, unscharfen Rückenstreifen und einem dunklen Fleck auf der Stirn. Schlingt ihren langen, halb aufrechten Schwanz um Grashalme, um bei der Futtersuche das Gleichgewicht zu behalten. Baut ein kleines, kugelförmiges Grasnest knapp über dem Boden.

Länge: ± 15 cm. **Gewicht:** ± 8 g. **Habitat:** Hohes Gras und dichter Pflanzenwuchs. **Nahrung:** Grassamen; Insekten wie Motten. **Nachwuchs:** Zwei bis acht Junge werden im Sommer geboren.

Spuren (Fußabdrücke)

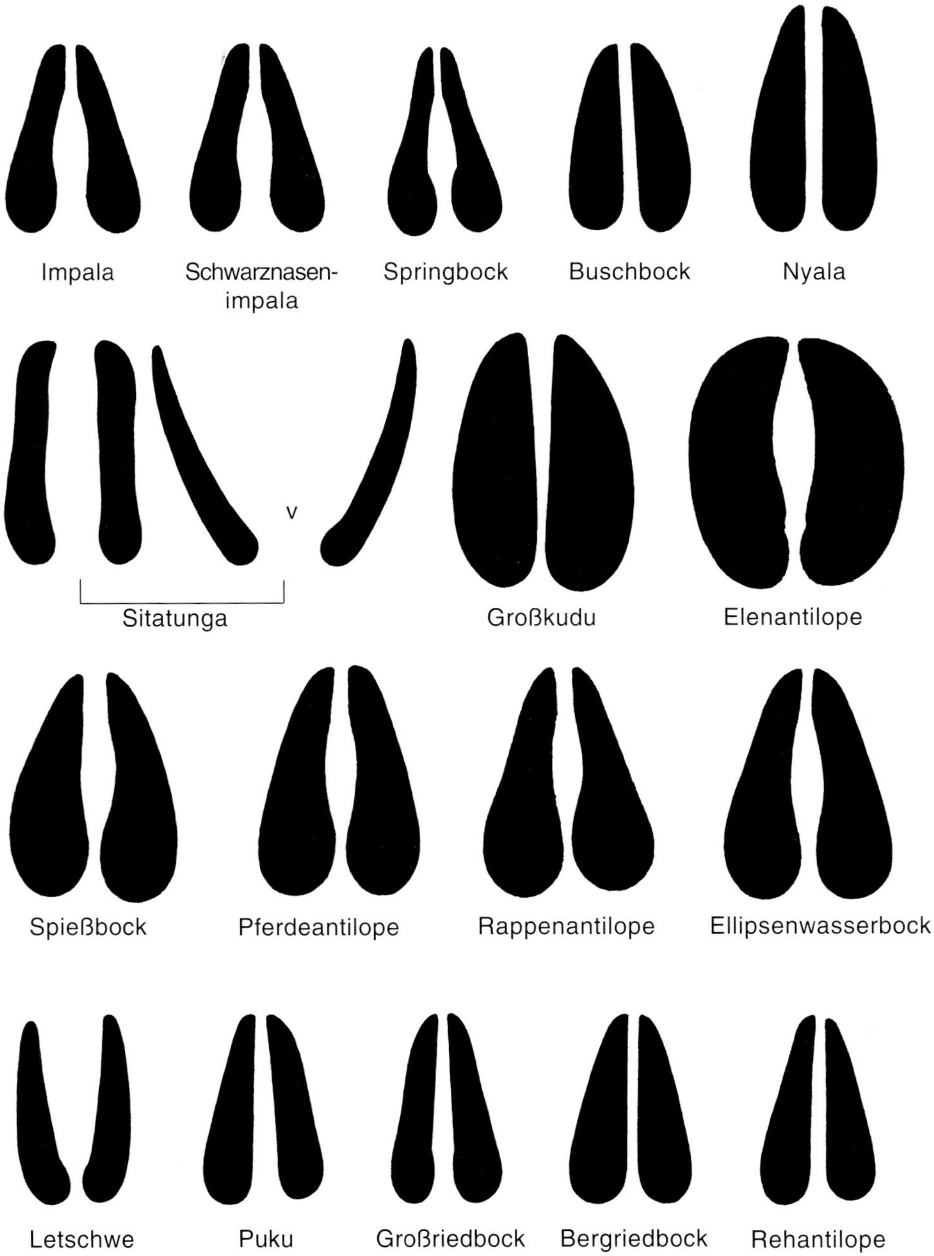

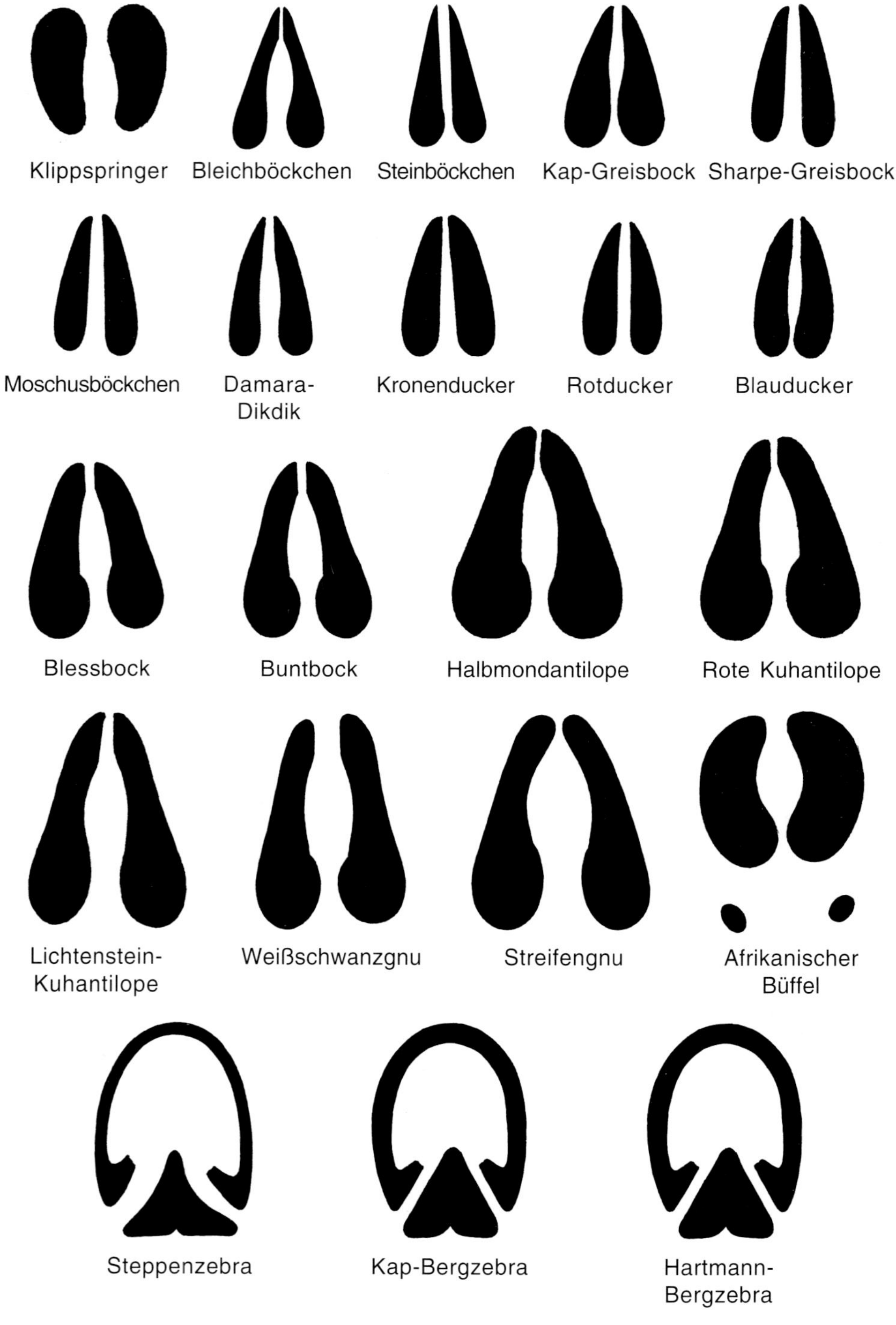
Klippspringer
Bleichböckchen
Steinböckchen
Kap-Greisbock
Sharpe-Greisbock
Moschusböckchen
Damara-
Dikdik
Kronenducker
Rotducker
Blauducker
Blessbock
Buntbock
Halbmondantilope
Rote Kuhantilope
Lichtenstein-
Kuhantilope
Weißschwanzgnu
Streifengnu
Afrikanischer
Büffel
Steppenzebra
Kap-Bergzebra
Hartmann-
Bergzebra

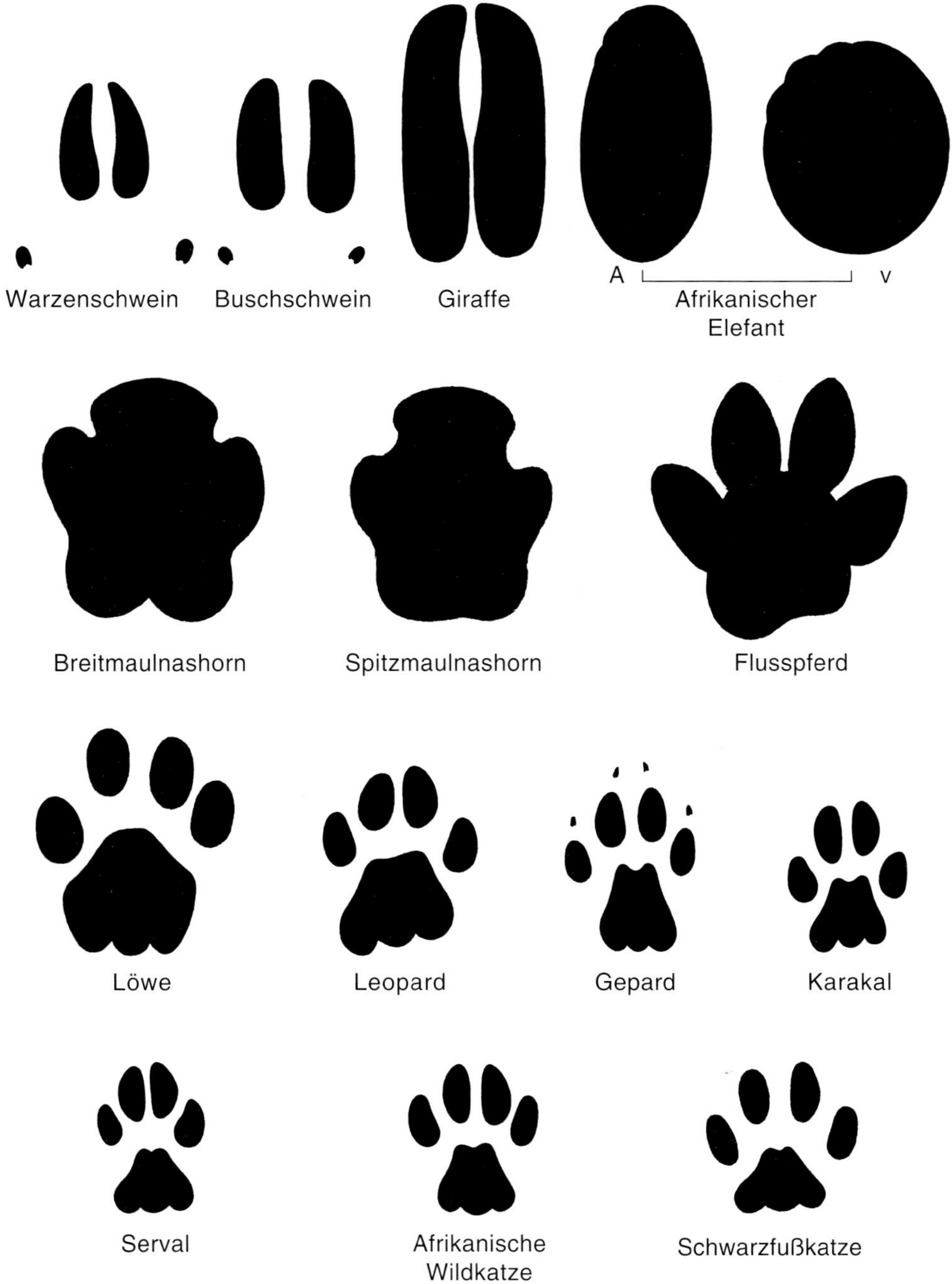
Warzenschwein
Buschschwein
Giraffe
A
V
Afrikanischer Elefant
Breitmaulnashorn
Spitzmaulnashorn
Flusspferd
Löwe
Leopard
Gepard
Karakal
Serval
Afrikanische Wildkatze
Schwarzfußkatze

Tüpfelhyäne
Schabrackenhyäne
Erdwolf
Afrikanischer Wildhund
Streifenschakal
Schabracken-schakal
Löffelhund
Kapfuchs
Honigdachs
Afrikanische Zibetkatze
Kleinflecken-ginsterkatze
Grossflecken-ginsterkatze
Streifeniltis
Fuchs-manguste
Rotichneumon
Kleinich-neumon
Weißschwanz-manguste
Wasser-manguste
Zebra-manguste
Zwerg-manguste
Surikate
Kapotter
Erdferkel
V
A
Steppenschuppentier

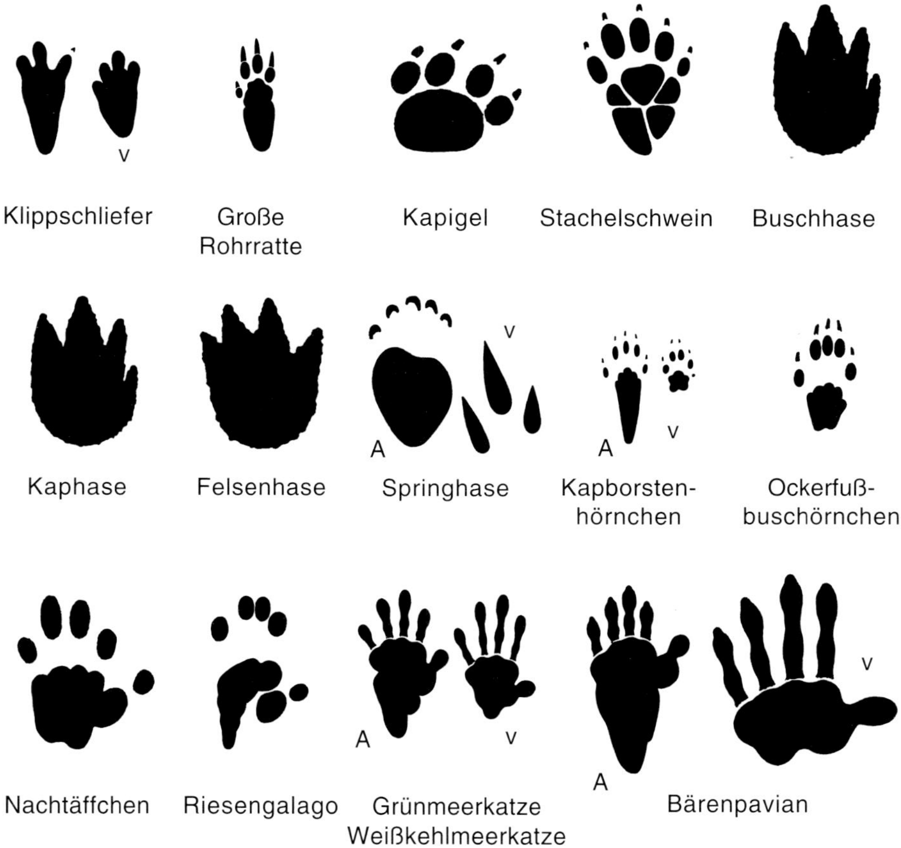
V
Klippschliefer
Große Rohrratte
Kapigel
Stachelschwein
Buschhase
Kaphase
Felsenhase
A
V
Springhase
A
V
Kapborsten-hörnchen
Ockerfuß-buschörnchen
Nachtäffchen
Riesengalago
A
V
Grünmeerkatze
Weißkehlmeerkatze
A
V
Bärenpavian

Bibliographie

Bronner, G.N. et al. 2003. A revised systematic checklist of the extant mammals of the southern African subregion. *Durban Mus. Novit.* 28: 56–106.

Brown, L. 1972 *The life on the African plains.* New York: McGraw-Hill.

Cillié, B. 1992. *Sakgids tot Suider-Afrikaanse soogdiere.* Pretoria: J.L. van Schaik Uitgewers.

Clarke, J. & Pitts, J. 1972. *Focus on fauna: the wildlife of South Africa.* Johannesburg: Nelson.

Dorst, J. & Dandelot, P. 1972. *A field guide to the mammals of Africa including Madagascar.* London: Collins.

Liebenberg, L. 1990. *A fieldguide to the animal tracks of Southern Africa.* Cape Town & Johannesburg: David Philip Publishers.

Maberley, C.T.A. 1963. *The game animals of Southern Africa.* Johannesburg: Nelson.

Meester, J.A.J. & Setzer H.W.1971. *The mammals of Africa: an identification manual.* Washington DC: Smithsonian Institute.

National Parks Board of South Africa. 1980. *Mammals of the Kruger and other National Parks.* Pretoria: National Parks Board of South Africa.

Pienaar, U. Dev., Rautenbach, I.L. & De Graaf, G. 1980. *The small mammals of the Kruger National Park.* Pretoria: National Parks Board of South Africa.

Player, I. 1972. *Big game.* Cape Town: Caltex.

Roberts, A. 1952. *The mammals of South Africa.* Johannesburg: CNA.

Roedelberger, F. & Groschoff, V. 1964. *African wildlife.* London: Constable.

Rose, P. 1968. *Big game and other mammals.* Cape Town – Johannesburg: Purnell.

Shortridge, G.C. 1934. *The mammals of South West Africa.* London: Heinemann.

Skinner, J. & Bannister, A. 1985. *Wild animals of South Africa.* Johannesburg: CNA.

Smith, S.J. & Halse A.R.D. 1985. *Rowland Ward' African records of big game.* xxiv Edition, San Antonio, Texas: Rowland Ward Publications, a division of Game Conservation International.

Smithers, R.H.N. 1966. *The mammals of Rhodesia, Zambia and Malawi.* London: Collins.

Smithers, R.H.N. 1983. *The mammals of the southern African subregion.* Pretoria: University of Pretoria.

Stevenson Hamilton, J. *Wildlife in South Africa.* London: Cassel.

Young, E.J., Deeks, J. & Landman, M. 1978. *Beskerm ons seldsame spesies soogdiere van die Transvaal.* Johannesburg: E. Stanton.

Zaloumis, E.A. & Cross, R. *A field guide to the antelope of southern Africa.* Durban: Natal Branch of The Wildlife Society of Southern Africa.

Namenliste

Aardvark 172
Aardwolf 128
Acacia Rat 213
Acinonyx jubatus 114
Aepyceros melampus melampus 16
Aepyceros melampus petersi 18
Aethomys namaquensis 213
African Buffalo 84
African Civet 142
African Clawless Otter 168
African Elephant 100
African Molerat 211
African Wild Cat 120
African Wild Dog 130
Afrikanische Wildkatze 120
Afrikanische Zibetkatze 142
Afrikanischer Büffel 84
Afrikanischer Elefant 100
Afrikanischer Halbaffe 198
Afrikanischer Wildhund 130
Ägyptische Freischwanz-Fledermaus 208
Ägyptische Schlitznasen-Fledermaus 210
Ägyptischer Flughund 207
Alcelaphus buselaphus 76
Alcelaphus lichtensteinii 78
Amblysomus hottentotus 206
Ameisenbär 172
Angola Schwarznasen-impala 18
Angoni Vleirat 212
Angoni-Lamellenzahnratte 212
Antidorcas marsupialis 20
Aonyx capensis 168
Atelerix frontalis 180
Atilax paludinosus 158

Baboon 204
Banana Bat 209
Bananen-Fledermaus 209
Banded Mongoose 160
Bandiltis 148
Bärenpavian 204
Basterkudu 24
Bat-eared Fox 136
Baummaus 213
Bergriedbock 46
Black Rhinoceros 104
Black Wildebeest 80
Black-backed Jackal 134
Black-faced Impala 18
Blauducker 68
Blaugnu 82
Bleichböckchen 52
Blesbok 70
Blessbock 70
Blue Duiker 68
Blue Monkey 202
Blue Wildebeest 82
Bontebok 72
Brants' Whistling Rat 212
Brants-Pfeifratte 212
Braune Hyäne 126
Breitmaulnashorn 102
Brown Hyaena 126
Buntbock 72
Buschbock 22
Buschhase 184
Busch-Nacktsohlen-Rennmaus 214
Busch-Pinselschwanzbilch 211
Buschschwein 94
Bushbuck 22
Bushpig 94
Bushveld Gerbil 214

Canis adustus 132
Canis mesomelas 134
Cape Fox 138
Cape Grey Mongoose 154
Cape Grysbok 56
Cape Hare 186
Cape Mountain Zebra 88
Cape Porcupine 182
Cape Serotine Bat 209
Caracal 116
Caracal caracal 116
Cephalophus natalensis 66
Ceratotherium simum 102
Cercopithecus aethiops 200
Cercopithecus mitis 202
Chaerophon pumilus 208
Cheetah 114
Civettictis civetta 142
Connochaetes gnou 80
Connochaetes taurinus 82
Crocidura hirta 206
Crocuta crocuta 124
Cryptomys hottentotus 211
Cynictis penicillata 150

Damaliscus lunatus 74
Damaliscus pygargus dorcas 72
Damaliscus pygargus phillipsi 70
Damara Dik-dik 62
Damara-Dikdik 62
Dassie Rat 211
Dendromus melanotis 214
Diademmeerkatze 202
Diceros bicornis 104
Dickschwänziger Galago 198
Dwarf Mongoose 162

Eastern Rock Elephant Shrew 206
Egyptian Free-tailed Bat 208
Egyptian Rousette 207
Egyptian Slit-faced Bat 210
Einzelstreifengrasmaus 212
Eland 30
Elen 30
Elenantilope 30

Elephantulus myurus 206
Ellipsenwasserbock 38
Epomorphus gambianus crypturus 207
Epomorphus wahlbergi 207
Equus quagga 86
Equus zebra hartmannae 90
Equus zebra zebra 88
Erdferkel 172
Erdhörnchen 192
Erdmännchen 164
Erdwolf 128

Falbkatze 120
Felis nigripes 122
Felis silvestris lybica 120
Felsenhase 188
Felsenratte 211
Fingerotter 168
Fleckenhalsotter 166
Fleckenhyäne 124
Flusspferd 106
Flußschwein 94
Four-striped Grass Mouse 213
Fuchsmanguste 150

Galago moholi 196
Galerella flavescens 152
Galerella pulverulenta 154
Galerella sanguinea 152
Gambian Epauletted Fruit Bat 207
Gambischer (Peters) Epauletten-Flughund 207
Gelbe Manguste 150
Gemsbock 32
Gemsbok 32
Genetta genetta 144
Genetta maculata 146
Genetta tigrina 146
Geoffroy's Horseshoe Bat 210
Geoffroy-Hufeisennase 210
Gepard 114
Ginsterkatze 144
Giraffa camelopardalis 96
Giraffe 96
Graphiurus murinus 211
Grasantilope 42
Graue Klettermaus 214
Greater Canerat 178
Greater Galago 198
Greater Kudu 28
Grey Climbing Mouse 214
Grey Duiker 64
Grey Rhebok 48
Große Bambusratte 178
Große Rohrratte 178
Großfleckenginsterkatze 146
Großichneumon 166
Großkudu 28
Großriedbock 44
Ground Pangolin 174
Ground Squirrel 192
Grünmeerkatze 200

Halbmondantilope 74
Hartmann's Mountain Zebra 90
Hartmann-Bergzebra 90
Helogale parvula 162
Herpestes ichneumon 166
Hippopotamus 106
Hippopotamus amphibius 106
Hipposideros caffer 210
Hippotragus equinus 34
Hippotragus niger 36
Honey Badger 140
Honigdachs 140
Hottentot Golden Mole 206
Hottentotten-Goldmull 206
Hottentotten-Graumull 211
Hyänenhund 130
Hystrix africaeaustralis 182

Ichneumia albicauda 156
Ictonyx striatus 148
Impala 16

Jameson-Felsenhase 188

Kamafuchs 138
Kaokoland Slender Mongoose 152
Kaokoland-Schlankichneumon 152
Kap-Bergzebra 88
Kapborstenhörnchen 192
Kapfuchs 138
Kap-Greisbock 56
Kap-Hartebeest 76
Kaphase 186
Kapigel 180
Kapotter 168
Kap-Serotin-Fledermaus 209
Karakal 116
Kleine Freischwanz-Fledermaus 208
Kleine Graumanguste 154
Kleine Rote Wimperspitzmaus 206
Kleiner Galago 196
Kleinfleckenginsterkatze 144
Kleinichneumon 154
Klippdachs 176
Klippen Elefanten-Spitzmaus 206
Klippschliefer 176
Klippspringer 50
Klipspringer 50
Kobus ellipsiprymnus 38
Kobus leche 40
Kobus vardonii 42
Kronenducker 64
Kudu 28
Kuhantilope 76
Kurzschwanz-Hamstermaus 214

Large Grey Mongoose 166
Large-spotted Genet 146
Lechwe 40
Leierantilope 74
Lemiscomys rosalia 212
Leopard 112
Leptailurus serval 118
Lepus capensis 186
Lepus saxatilis 184
Lesser Red Musk Shrew 206

Letschwe 40
Lichtenstein's Hartebeest 78
Lichtenstein-Kuhantilope 78
Lion 110
Litschi 40
Little Free-tailed Bat 208
Löffelhund 136
Löwe 110
Loxodonta africana 100
Lutra maculicolis 166
Lycaon pictus 130

Madoqua kirkii 62
Manis temminckii 174
Marsh Mongoose 158
Mauritian Tomb Bat 208
Mauritius Grabflatterer 208
Meerkat 164
Mellivora capensis 140
Miniopterus schreibersii 209
Moorantilope 40
Moschusböckchen 60
Mountain Reedbuck 46
Mungo 160
Mungos mungo 160

Nachtäffchen 196
Namaqua Rock Rat 213
Namaqua-Felsenmaus 213
Natal-Felsenhase 188
Neoromica africanus 209
Neoromicia capensis 209
Neotragus moschatus 60
Nilpferd 106
Nyala 24
Nycteris thebaica 210

Ockerfußbuschhörnchen 194
Oreotragus oreotragus 50
Oribi 52
Orycteropus afer 172
Oryx gazella 32
Oryxantilope 32
Otocyon megalotis 136
Otolemur crassicaudatus 198
Otomys angoniensis 212
Ourebia ourebi 52

Panthera leo 110
Panthera pardus 112
Papio hamadryas ursinus 204
Parahyaena brunnea 126
Paraxerus cepapi 194
Parotomys brantsii 212
Pedetes capensis 190
Pelea capreolus 48
Petromus typicus 211
Pferdeantilope 34
Phacochoerus africanus 92
Philantomba monticola 68
Pinselohrschwein 94
Plains Zebra 86
Potamochoerus larvatus 94
Pouched Mouse 214
Procavia capensis 176
Pronolagus spp. 188
Proteles cristatus 128
Puku 42

Raphicerus campestris 54
Raphicerus melanotis 56
Raphicerus sharpei 58
Rappenantilope 36
Red Duiker 66
Red Hartebeest 76
Red Rock Rabbits 188
Redunca arundinum 44
Redunca fulvorufula 46
Reedbuck 44
Rehantilope 48
Rhabdomys pumilio 213
Rhinolophus clivosus 210
Riedbock 44
Riesengalago 198
Roan Antilope 34
Rock Hyrax 176
Rotducker 66
Rote Kuhantilope 76
Rotfleckenginsterkatze 146
Rotkatze 116
Rotschwanzhörnchen 194
Rousettus aegyltiacus 207
Rusty-spotted Genet 146

Sable Antilope 36
Saccostomus campestris 214
Schabrackenhyäne 126
Schabrackenschakal 134
Scharrtier 164
Schirrantilope 22
Schlankichneumon 152
Schreibers Langflügel-Fledermaus 209
Schreibers' Long-fingered Bat 209
Schuppentier 174
Schwarzes Nashorn 104
Schwarzfersenantilope 16
Schwarzfußkatze 122
Schwarznasenimpala 18
Scrub Hare 184
Serval 118
Sharpe's Grysbok 58
Sharpe-Greisbock 58
Side-striped Jackal 132
Single-striped Grass Mouse 212
Sitatunga 26
Slender Mongoose 152
Small Spotted Cat 122
Small-spotted Genet 144
Smith-Felsenhase 188
South African Galago 196
South African Hedgehog 180
Spießbock 32
Spitzmaulnashorn 104
Spotted Hyaena 124
Spotted-necked Otter 166
Springbock 20
Springbok 20
Springhare 190
Springhase 190
Stachelschwein 182
Steenbok 54
Steinböckchen 54
Steppengalago 196
Steppenschuppentier 174
Steppenzebra 86

Strauchhase 184
Streifengnu 82
Streifeniltis 148
Streifenschakal 132
Striped Polecat 148
Südafrikanischer Igel 180
Südafrikanisches
Stachelschwein 182
Südliche Zwergmanguste
162
Sumpfantilope 26
Sumpfichneumon 158
Sumpfmanguste 158
Sundevall's Roundleaf Bat
210
Sundevall-Rundblattnase
210
Suni 60
Suricata suricatta 164
Surikate 164
Sylvicapra grimmia 64
Syncerus caffer 84

Tadarida aegyptiaca 208
Taphozous mauritianus 208
Tatera leucogaster 214
Thalomys paedulcus 213
Thryonomys swinderianus
178
Tieflandnyala 24
Tragelaphus angasii 24
Tragelaphus oryx 30
Tragelaphus scriptus 22
Tragelaphus spekei 26
Tragelaphus strepsiceros 28
Tree Squirrel 194
Tschakma Pavian 204
Tsessebe 74
Tüpfelhyäne 124

Vaalrehantilope 48
Vervet Monkey 200
Vierstreifengrasmaus 213
Vulpes chama 138

Wahlberg's Epauletted Fruit
Bat 207
Wahlberg-Epauletten-
Flughund 207
Warthog 92
Warzenschwein 92
Wasserbock 38
Wassermanguste 158
Waterbuck 38
Weißes Nashorn 102
Weißkehlmeerkatze 202
Weißschwanzgnu 80
Weißschwanzmanguste
156
White Rhinoceros 102
White-tailed Mongoose 156
Woodland Dormouse 211
Wüstenluchs 116

Xerus inauris 192

Yellow Mongoose 150

Zebramanguste 160
Zorilla 148
Zwergichneumon 162
Zwergmanguste 162
Zwergrüsselantilope 62